高职高专计算机教学改革 新体系 教材

PHP网站开发
实践教程

杨民峰　贾民政　孙洪迪　主　编

方　园　董东野　副主编

清华大学出版社

北　京

<h1 style="text-align:center">内 容 简 介</h1>

PHP 简单易学并且功能强大,是目前开发 Web 应用程序的主要脚本语言。本书内容丰富、讲解深入,全书共包括 9 章,以一个完整的简易产品管理系统为背景,按照学生认知规律来组织教材内容,主要包括 PHP 动态网页基础、PHP 语法基础、数组、前端和后台数据交互、函数、图像操作、会话技术、文件操作、MySQL 数据库操作等内容。

本书可作为高职院校计算机专业程序设计相关课程的教材,还可作为从事 Web 应用程序开发的程序员的参考用书。

图书在版编目(CIP)数据

PHP 网站开发实践教程/杨民峰,贾民政,孙洪迪主编.—北京:清华大学出版社,2022.2
高职高专计算机教学改革新体系教材
ISBN 978-7-302-59994-4

Ⅰ. ①P⋯ Ⅱ. ①杨⋯ ②贾⋯ ③孙⋯ Ⅲ. ①PHP 语言—程序设计—高等职业教育—教材 Ⅳ. ①TP312.8

中国版本图书馆 CIP 数据核字(2022)第 020258 号

责任编辑:颜廷芳
封面设计:何凤霞
责任校对:赵琳爽
责任印制:丛怀宇

出版发行:清华大学出版社
　　　　网　　　址:http://www.tup.com.cn,http://www.wqbook.com
　　　　地　　　址:北京清华大学学研大厦 A 座　　　邮　　编:100084
　　　　社 总 机:010-83470000　　　邮　　购:010-62786544
　　　　投稿与读者服务:010-62776969,c-service@tup.tsinghua.edu.cn
　　　　质量反馈:010-62772015,zhiliang@tup.tsinghua.edu.cn
　　　　课件下载:http://www.tup.com.cn,010-83470410
印 装 者:三河市铭诚印务有限公司
经　　销:全国新华书店
开　　本:185mm×260mm　　　印　　张:13.25　　　字　　数:314 千字
版　　次:2022 年 2 月第 1 版　　　印　　次:2022 年 2 月第 1 次印刷
定　　价:39.00 元

产品编号:089133-01

前言

PHP 是一种开源的、免费的、跨平台的、运行在服务器端的程序开发语言,主要应用于 Web 应用开发领域,具有程序运行效率高、速度快、易学习、好上手的特点。PHP、JSP、ASP. NET 合称为服务器端网站开发的 3P 技术,PHP 相对于 JSP 和 ASP. NET,PHP 更加灵活、安全,是时下流行的 Web 开发语言。PHP 网站开发已成为大多数高校计算机科学与技术、软件工程、信息管理等专业的一门重要专业核心课程,学习掌握好 PHP 动态网站开发已经成为从事网站及网络信息系统等工作的先决和必要条件。

本书是作者多年教学实践经验的总结,严格按照教育部关于"加强职业教育、突出实践技能和能力培养"的教学改革要求编写。本书全面介绍了 PHP 开发人员应该掌握的各项基础技术,内容突出"基础、全面、深入"的特点,同时强调"实战"效果。本书共分为 9 个章节,内容分别为 PHP 简介、PHP 基础、数组、Web 前端和后台数据交互、函数、图像处理、PHP 会话控制、文件与目录、MySQL 数据库操作。以一个完整的简易产品管理系统为背景,从 PHP 动态网站开发所用的基本概念入手,先后介绍了 PHP 7.0 的语法基础、数组、前后台数据交互、函数、图像操作、会话技术、文件操作、MySQL 数据库操作、富媒体编辑器、简易产品管理系统等知识。按照"知识点讲解+示例解析+实训操作"的方式编写本书的章节内容,引导学生从理解到掌握,再到实践应用,有效培养学生的开发能力及综合应用能力。本书既可作为应用型大学本科和高职高专院校计算机相关专业的教材,也可作为企事业信息化从业者的培训教材,并为广大社会居民和 IT 创业者提供有益的学习指导。

本书由杨民峰、贾民政、孙洪迪任主编,方园、董东野任副主编。由于编者水平有限,书中难免有不妥之处,欢迎广大读者对本书内容提出意见和建议。

编　者

2022 年 1 月

目 录

CONTENTS

第 1 章

PHP 简 介

1.1 静态网站和动态网站的区别

静态网站是由静态网页构成的网站,静态网页不能简单地理解成静止不动的网页,它主要指的是网页中没有程序代码,只有 HTML(超文本标记语言),一般后缀为 .html、.htm、.xml 等。静态网页的页面一旦完成,内容就不会再改变了。用户可以直接双击打开静态网页,任何人在任何时间打开的页面内容都是一样的。

动态网站的网页是采用动态网站技术(如 PHP、ASP、JSP 等)生成的网页,也叫动态网页,它是一种与静态网页相对的网页编程技术。动态网页的网页文件中除了 HTML 标记以外,还包括一些特定功能的程序代码,这些代码使得浏览器和服务器可以交互,所以服务器端根据客户的请求来动态地生成网页内容。也就是说,动态网页相对于静态网页来说,页面代码虽然没有变,但是显示的内容却是可以随着时间、环境或者数据库操作的结果而发生改变的。

随着网络的普及与应用,单纯的静态网页已经不能满足企业或个人的内容展现需求。例如,公司的产品展示网站能够提供打分和评论的功能,允许浏览者评论产品并为产品进行打分,以便公司的管理人员能够了解到产品的真实反馈从而进一步优化产品;个人网站站长要求能够在网页上直接编辑信息并呈现在网站上,能够动态地更新网页的内容而不用重新编辑网页。这些需求静态网站无法实现,需要使用动态网站技术。静态网站和动态网站的请求区别如图 1.1 所示。

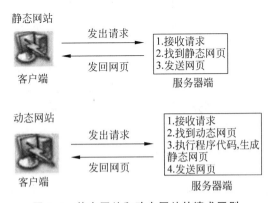

图 1.1 静态网站和动态网站的请求区别

1. 动态网站请求过程

(1) 客户端浏览器通过 HTTP 请求服务器端的网站。

（2）网站服务器将请求转给动态网站服务器组件。

（3）动态网站服务器运行服务器网站程序,与数据库服务器交互查询或存储数据库中的网站内容。

（4）服务器组件产生静态的网站内容,发送回浏览器进行呈现。

对于网站建设人员来说,编写静态网站只是为了让浏览器中呈现出想要的果,而编写动态网站是需要编写能够让网站服务器自动生成网页的网站程序,因此动态网站有时也被称为web应用程序。

2. 动态网站特点

（1）动态网站以数据库技术为基础,可以大大降低网站维护的工作量。

（2）动态网站可以实现更多的功能,如用户注册、用户登录、在线调查、用户管理、订单管理等。

（3）动态网站实际上并不是独立存在于服务器上的网页文件,它只有当用户请求时服务器时才会返回一个完整的网页。

1.2　PHP 简介及发展

PHP继承自一个早期的工程PHP/FI。PHP/FI在1995年由Rasmus Lerdorf创建,它最初只是一套简单的Perl脚本,用来跟踪访问主页的用户的信息,这套脚本取名为Personal Home Page Tools,现在已经正式更名为PHP: Hypertext Preprocessor。随着更多功能需求的增加,Rasmus写了一个更大的C语言实现,它可以访问数据库,可以让用户开发简单的动态Web程序。Rasmus发布了PHP/FI的源代码,以便每个人都可以使用它,同时大家也可以修正程序中的漏洞,并且改进它的源代码。PHP/FI已经包含了今天PHP的一些基本功能,它有着Perl样式的变量,自动解释表单变量,并可以嵌入HTML。PHP/FI语法本身与Perl很相似,但是它很简单,而且还稍微有些不协调。

到1997年,PHP/FI 2.0,也就是它的C语言实现的第二版在全世界已经有几千个用户和大约50000个域名安装,约占Internet所有域名的1%。但是那时只有几个人在为该工程撰写代码,它仍然只是一个人的工程。

PHP/FI 2.0在经历了数个beta版本的发布后于1997年11月发布了官方正式版本。之后,随着PHP 3.0的第一个alpha版本的发布,PHP从此走向了成功。

自20世纪90年代国内互联网开始发展到现在,互联网信息几乎覆盖了我们日常活动所有的知识范畴,并逐渐成为我们生活、学习、工作中必不可少的一部分。PHP语言作为当今最热门的网站程序开发语言,其语法借鉴了C、Java、PERL等语言,且只需要很少的编程知识就能使用PHP建立一个真正交互的动态Web站点。PHP与HTML语言具有非常好的兼容性,开发人员可以直接在脚本代码中加入HTML标签,或者在HTML标签中加入脚本代码从而更好地实现页面控制。PHP提供了标准的数据库接口,数据库连接方便,兼容性强,扩展性强,可以进行面向对象编程,PHP具有成本低、速度快、可移植性好、内置丰富的函数库等优点,因此被越来越多的企业应用于网站开发中。PHP的发行历史见表1.1。

根据动态网站要求,PHP语言作为一种语言程序,其专用性逐渐在应用过程中显现,其技术水平的优劣将直接影响网站的运行效率。PHP具有公开的源代码,在程序设计上与通用型语言(如 C 语言)相似性较高,因此在操作过程中简单易懂,可操作性强。同时,PHP 语言具有较高的数据传送处理水平和输出水平,可以广泛应用在 Windows 系统及各类 Web 服务器中。如果数据量较大,PHP 语言还可以拓宽链接面,与各种数据库相连,缓解数据存储、检索及维护的压力。随着技术的发展,PHP 语言搜索引擎还可以量体裁衣,实行个性化服务,如根据客户的喜好进行分类收集储存,极大地提高了数据运行效率。

表 1.1　PHP 的发行历史

版本	发布日期	最终支持	相关更新及备注
1.0	1995-06-08	—	首次使用
2.0	1997-11-01	—	PHP 首个发行版
3.0	1998-06-06	2000-10-20	Zeev Suraski 和 Andi Gutmans 重写了底层
4.0	2000-05-22	2001-06-23	增加了 Zend 引擎
4.1	2001-12-10	2002-03-12	加入了 superglobal(超全局的概念,即 $_GET、$_POST 等)
4.2	2002-04-22	2002-09-06	默认禁用 register_globals
4.3	2002-12-27	2005-03-31	引入了命令行界面 CLI,不使用 CGI
4.4	2004-07-11	2008-08-07	修复了一些致命错误
5.0	2004-07-13	2005-09-05	ZendⅡ 引擎
5.1	2005-11-24	2006-08-24	引入了编译器来提高性能;增加了 PDO 作为访问数据库的接口
5.2	2006-11-02	2011-01-06	默认启用过滤器扩展
5.3	2009-06-30	2014-08-14	支持命名空间;使用 XMLReader 和 XMLWriter 增强 XML 支持;支持 SOAP,延迟静态绑定,跳转标签(有限的 goto),闭包,Native PHP archives
5.4	2012-03-01	2015-09-03	支持 Trait、简短数组表达式;移除了 register_globals、safe_mode、allow_call_time_pass_reference、session_register()、session_unregister()、magic_quotes 以及 session_is_registered();加入了内建的 Web 服务器;增强了性能,减小内存使用量
5.5	2013-06-20	2016-07-10	支持 generators,用于异常处理的 finally;将 OpCache(基于 ZendOptimizer+)加入官方发布中
5.6	2014-08-28	2018-12-31	常数标量表达式、可变参数函数、参数拆包、新的求幂运算符、函数和常量的 use 语句的扩展、新的 phpdbg 调试器作为 SAPI 模块,以及其他更小的改进
6.x	未发布	—	取消掉的、从未正式发布的 PHP 版本
7.0	2015-12-03	2018-12-03	Zend Engine 3(性能提升并在 Windows 上支持 64-bit 整数),统一的变量语法,基于抽象语法树编译过程
7.1	2016-12-01	2019-12-01	void 返回值类型、类常量、可见性修饰符
7.2	2017-11-30	2020-11-30	对象参数和返回类型提示、抽象方法重写等
7.3	2018-12-06	2021-12-06	PCRE2 支持等
7.4	2019-11-28	2022-11-28	改进 OpenSSL、弱引用等
8.0	2020 年 S4 或 2021 年 S1	2023 年 S4 或 2024 年 S1	JIT、数组负索引等

1.3 PHP 开发环境搭建

PHP 开发环境不复杂,可以手动搭建,不过还是建议初学者使用集成开发环境,这样会省去很多未知的麻烦。Windows 系统下的 PHP 集成开发环境有很多,如 XAMPP、AppServ等,这里只介绍 AppServ 的使用。

1.3.1 安装 AppServ

AppServ 是 PHP 开发工具组合包,PHP 开发爱好者将网络上免费的架站资源重新包装成单一的安装程序,以方便初学者快速完成架站,AppServ 所包含的软件有 Apache、Apache Monitor、PHP、MySQL、phpMyAdmin 等。

AppServ 的安装操作如下。

(1) 浏览器中输入下载网址:https://www.appserv.org/en/,如图 1.2 所示。

图 1.2 AppServ 官网

(2) 单击 DOWNLOAD,选择下载最新版本,如图 1.3 所示,下载的安装文件如图 1.4所示。

(3) 双击运行安装文件,如图 1.5~图 1.8 所示。

(4) 配置 Apache 中的 Server Name、Email 以及 HTTP 服务的端口。Server Name 一般设置为 localhost 或 127.0.0.1,默认端口为 80,如果 80 端口已有其他服务,需要修改 HTTP的服务端口,比如 8080,如图 1.9 所示。

(5) 配置 AppServ 中的 MySQL 服务器用户名和密码。MySQL 服务器数据库的默认管理账户为 root,默认字符集为 UTF-8,可根据需要自行修改字符集编码,一般英文 UTF-8 比较通用,如图 1.10 所示。

(6) 配置完成后,完成安装,如图 1.11 所示。

图 1.3 选择 AppServ 9.3.0 版本下载

图 1.4 AppServ 安装文件

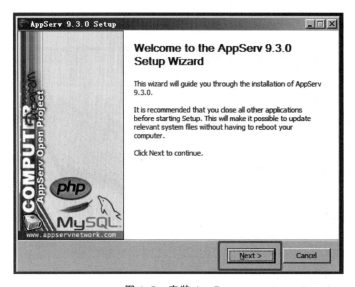

图 1.5 安装 AppServ

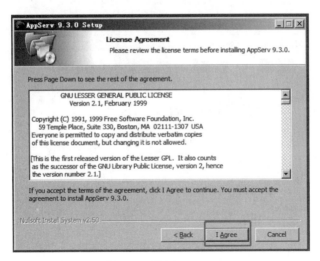

图 1.6 选择 I Agree

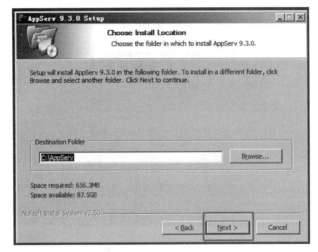

图 1.7 指定安装目录

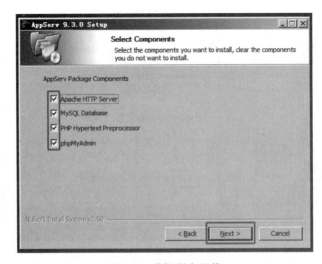

图 1.8 选择所有组件

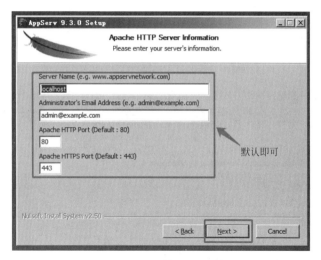

图 1.9 配置 AppServ

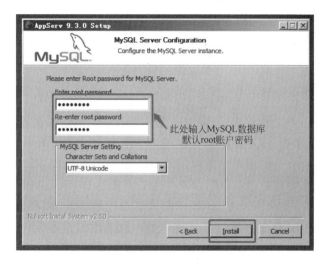

图 1.10 配置 MySQL 服务器

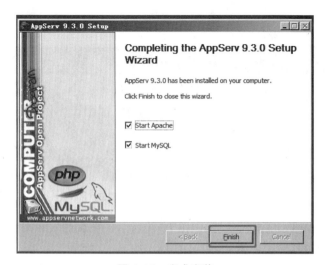

图 1.11 完成安装

（7）测试输入网址 http://localhost，出现如图 1.12 所示界面，表示 PHP 运行环境已经搭建完成。

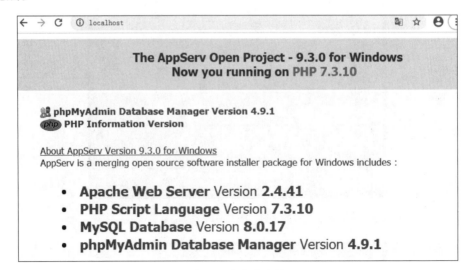

图 1.12　安装成功界面

1.3.2　安装 Sublime Text

Sublime Text 是一个文本编辑器，同时也是一个先进的代码编辑器。Sublime Text 是由程序员 Jon Skinner 于 2008 年 1 月份所开发，它最初被设计为一个具有丰富扩展功能的 vim。

Sublime Text 具有优美的用户界面和强大的功能，如代码缩略图、Python 的插件、代码段等。Sublime Text 的主要功能包括拼写检查、书签、完整的 Python API、Goto 功能、即时项目切换、多选择、多窗口等。Sublime Text 是一个跨平台的编辑器，同时支持 Windows、Linux、Mac OS X 等操作系统，是许多程序员喜欢使用的一款文本编辑器软件。安装 Sublime Text 的操作如下。

（1）在浏览器中输入下载网址：http://www.sublimetext.com/，如图 1.13 所示。

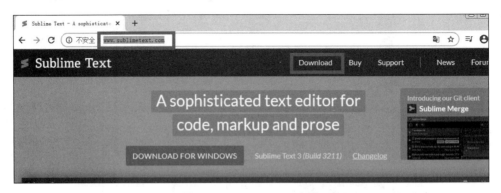

图 1.13　Sublime Text 官网

（2）选择 Windows 64 位操作系统，如图 1.14 所示。下载的安装文件如图 1.15 所示。

（3）双击运行安装程序完成安装，如图 1.16～图 1.19 所示。

（4）安装完后，右击任意一个文本文件，可以看到右键菜单中出现 Open with Sublime Text 选项，如图 1.20 所示。

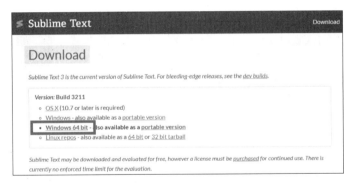

图 1.14 选择 Windows 64 位

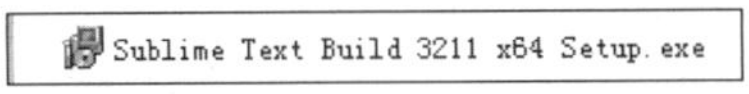

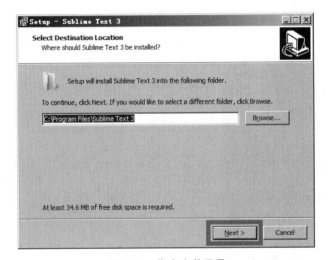

图 1.15 Sublime 安装程序

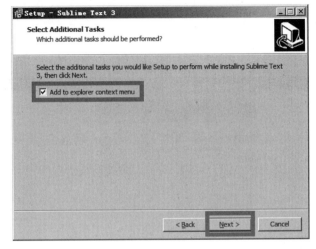

图 1.16 指定安装目录

图 1.17 勾选添加到右键菜单

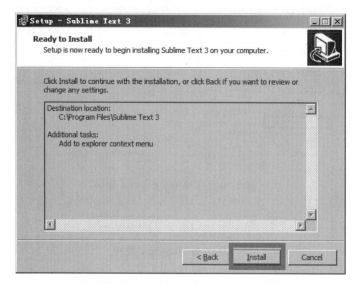

图 1.18　单击 Install 进行安装

图 1.19　完成安装

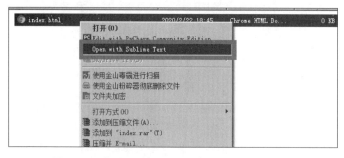

图 1.20　使用 Open with Sublime Text 打开文件

1.4 第一个 PHP 程序

准备工作做好了,我们开始 PHP 的学习,打开 C:\AppServ\www 目录,在空白处右击新建文本文档,命名为 hello.php,如图 1.21 所示。

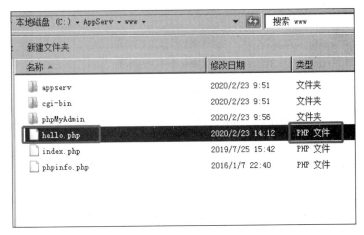

图 1.21 新建 hello.php 文件

在 hello.php 文件上右击即可使用 Open with Sublime Text 打开文件,如图 1.22 所示。

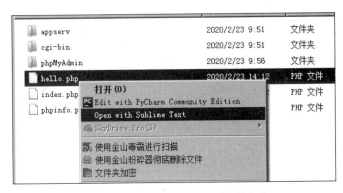

图 1.22 使用 Sublime Text 编辑文件

【例 1.1】 第一个 PHP 页面。

```
<!DOCTYPE html>
<html>
    <body>
        <h1>这是我的第一个 PHP 页面</h1>
        <?php
        echo "Hello World!";
        ?>
    </body>
</html>
```

运行效果如图 1.23 所示。

localhost/hello.php
localhost/hello.php
这是我的第一个PHP页面
Hello World!

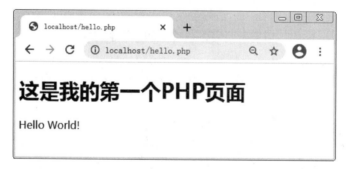

图 1.23　第一个 PHP 页面

实训 1：搭建 Windows 系统下的 PHP 开发环境

要求：下载并安装 AppServ，正确搭建 PHP 运行环境并编写第一个 PHP 页面。

实训 2：设计产品管理系统静态页面

要求：运用所学的 Web 前端技术，设计并实现产品管理系统的静态页面，包括登录页面、产品列表页面、产品详情页面、产品添加页面、产品修改页面。

页面内容设计参考图 1.24～图 1.27。

登录名：
密码：
验证码：
H B K M
登录

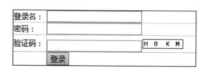

图 1.24　登录页面 login.html

注：HBKM 演示的是验证码图片

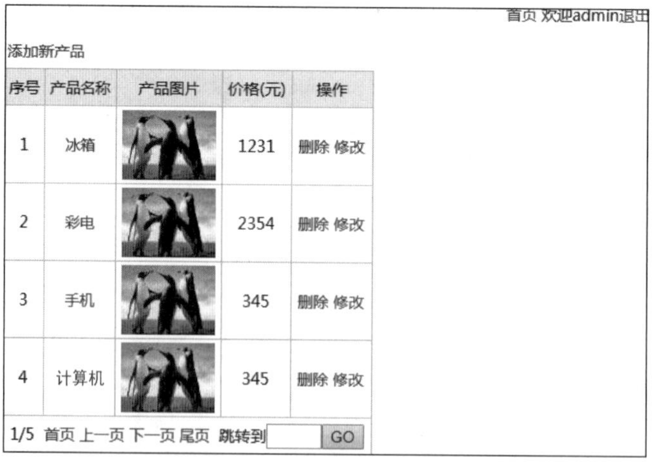

首页 欢迎admin退出
添加新产品
序号
产品名称
产品图片
价格(元)
操作
1
冰箱
1231
删除 修改
2
彩电
2354
删除 修改
3
手机
345
删除 修改
4
计算机
345
删除 修改
1/5 首页 上一页 下一页 尾页 跳转到
GO

图 1.25　产品列表页 list.html

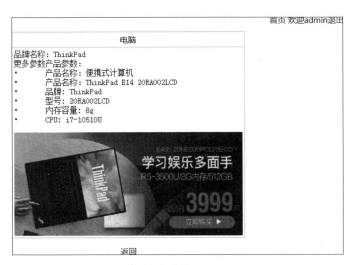

首页 欢迎admin退出

图 1.26　产品详情页 detail.html

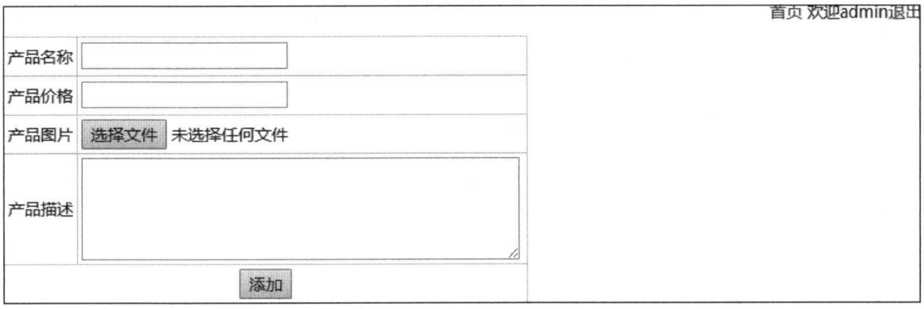

首页 欢迎admin退出

产品名称	
产品价格	
产品图片	选择文件　未选择任何文件
产品描述	
	添加

图 1.27　产品添加页面 add.html

第 2 章

PHP 基 础

2.1 PHP 语法

2.1.1 PHP 语法基础

PHP 脚本可放置于文档中的任何位置,脚本以外的部分就是 HTML 脚本部分。PHP 文件通常包含 HTML 标签以及一些 PHP 脚本代码。

PHP 脚本以<? php 开头,以?>结尾,凡是在一对开始和结束标记之外的内容都会被 PHP 解析器忽略,这使得 PHP 文件可以有混合内容,可以将 PHP 嵌入 HTML 文档中去,PHP 文件结构如下:

```
HTML 内容
<?php
//PHP 代码
?>
HTML 内容
```

PHP 文件的默认文件扩展名是.php。PHP 语句以分号结尾。PHP 代码块的关闭标签也会自动表示分号(因此在 PHP 代码块的最后一行不必使用分号)。

例 2.1 是一个简单的 PHP 文件,其中包含了使用 PHP 内建函数 echo 在网页上输出文本"HelloWorld!"的一段 PHP 脚本。

【例 2.1】 PHP 页面输出"Hello World!"。

```
<!DOCTYPE html>
<html>
    <body>
        <h1>我的第一张 PHP 页面</h1>
        <?php
            echo "Hello World!";
            echo "这里在 html 页面输出一个换行<br/>";
            echo "<font size=5>这是 5 号字</font>";
        ?>
    </body>
</html>
```

运行结果如图 2.1 所示。

查看浏览器源码效果如图 2.2 所示。

PHP 运行的过程和 PHP 文件存放在 www 目录下,是 Web 服务器端的程序,由 Apache

图 2.1　PHP 页面输出"Hello World!"

图 2.2　查看浏览器源码效果

服务器程序解析执行,执行的结果是一段 HTML 代码,这个 HTML 代码会返回到客户端,客户端用浏览器运行这个返回结果,过程如图 2.3 所示。

图 2.3　PHP 代码与浏览器 HTML 代码关系分析

2.1.2　PHP 中的注释

PHP 支持单行注释和多行注释,单行注释可以使用//或者♯,多行注释使用/ * … * /。PHP 代码中的注释不会被作为程序来读取和执行,它唯一的作用是帮助阅读代码。

【例 2.2】　PHP 的三种注释形式。

```php
<?php
    //这是单行注释
    # 这也是单行注释
    /*
    这是多行注释块
    它横跨了
    多行
    */
?>
```

2.1.3　PHP 的大小写敏感

在 PHP 中,所有定义的函数、类和关键词(如 if、else、echo 等)都对大小写不敏感;但所有变量都对大小写敏感。

例如,下面的代码,这三条 echo 语句都是合法的且(等价的)。

```
ECHO "Hello World!";              //输出 Hello World!
echo "Hello World!";              //输出 Hello World!
EcHo "Hello World!";              //输出 Hello World!
```

但对于下面的代码,只有第一条语句会显示 $color 变量的值,这是因为 $color、$COLOR 以及 $coLOR 被视作三个不同的变量,而只有 $color 被初始化赋值了。

```
$color="red";
echo "My car is " . $color;     //输出 My car is red
echo "My house is " . $COLOR;   //输出 My house is
echo "My boat is " . $coLOR;    //输出 My boat is
```

2.1.4　PHP echo 和 print 语句

在 PHP 中,有两种基本的输出方法: echo 和 print。其中,echo 能够输出一个以上的字符串,没有返回值; print 只能输出一个字符串,并始终返回 1。

echo 是一个语言结构,有无括号均可使用: echo 或 echo( )。

【例 2.3】　用 echo 命令来显示不同的字符串(同时请注意字符串中可以包含 HTML 标记)。

```
<?php
    echo "<h2>PHP is fun!</h2>";
    echo "Hello world!<br/>";
    echo("I'm about to learn PHP!<br/>");
    echo("This", " string", " was", " made", " with multiple parameters.");
?>
```

print 也是语言结构,有无括号均可使用: print 或 print( )。

【例 2.4】　用 print 命令来显示不同的字符串(同时请注意字符串中可以包含 HTML 标记)。

```
<?php
    print "<h2>PHP is fun!</h2>";
    print "Hello world!<br>";
    print "I'm about to learn PHP!";
?>
```

2.2　变　　量

变量通俗地说就是一种容器。根据变量类型的不同,容器的大小也不一样,能存放的数据大小也不相同。在变量中存放的数据称为变量值。

2.2.1　PHP 变量规则

PHP 中的变量用一个美元符号加变量名来表示,变量名区分大小写。变量名通常由声明变量所代表的英文单词组成,单词与单词之间通过下画线"_"分隔;或第一个单词首字母小写,之后每个单词首字母大写,这种命名方式称为驼峰命名法,如 myAge。良好的命名规范有助于提高代码的可读性。

在 PHP 中变量的命名规则如下。

(1) 变量以 $ 符号开始,后面跟着变量的名称。

(2) 变量名必须以字母或者下画线开始。

(3) 变量名只能包含字母、数字以及下画线。

(4) 变量名不能包含空格。

(5) 变量名是区分大小写的,如 $y 和 $Y 是两个不同的变量。

2.2.2　创建 PHP 变量

PHP 没有声明变量的命令。变量在第一次赋值给它的时候被创建。

【例 2.5】　PHP 声明变量示例。

```php
<?php
    $name;
    echo "变量 name 的值: ".$name."<br/>";
    var_dump($name);
    $name;
    echo "<br/>变量初始化";
    echo "<br />";
    echo $name = "hello";
    echo "<br />";
    var_dump($name);
?>
```

这里使用了 var_dump()函数,该用于显示关于一个或多个表达式的结构信息,包括表达式的类型与值。

运行结果如图 2.4 所示。

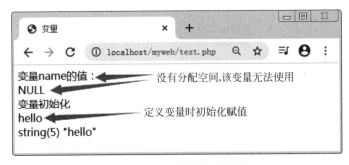

图 2.4　PHP 声明变量示例

2.2.3 变量赋值

在 PHP 中有两种赋值方式,分别为传值赋值和引用赋值。

1. 传值赋值

传值赋值是 PHP 中默认的传值方式,当将一个表达式的值赋予一个变量时,整个原始表达式的值被赋值到目标变量。这意味着,当一个变量的值赋予另外一个变量时,改变其中一个变量的值,将不会影响到另外一个变量。

【例 2.6】 PHP 传值示例。

```php
<?php
    $a = 100 ;          //将 100 赋值给变量 a
    $b = $a ;           //将变量 a 的值赋值给变量 b
    echo "b=".$b ;
    echo "<br/>";
    $b = 200 ;          //修改变量 b 的值为 200,变量 a 的值并不受影响
    echo "b=".$b ;
    echo "<br/>";
    echo "a=".$a ;      //$a 的值也被修改
?>
```

运行结果为

```
b=100
b=200
a=100
```

2. 引用赋值

引用赋值是新的变量简单的引用了原始的变量,改变了新的变量的值将影响到原始变量的值,反之亦然。使用引用赋值,只需简单地将一个 & 符号加到要赋值的变量前(源变量),& 在 C 语言中称为取地址符,变量保存了变量值在内存中的存储地址,通过 & 可以将一个变量保存的变量值的地址赋值给另一个变量。两个变量的值指向了同一个内存地址,所以当我们修改其中一个变量的值时,另一个变量的值随之被改变。

【例 2.7】 PHP 引用赋值示例。

```php
<?php
    $a = 100 ;          //将 100 赋值给变量 a
    $b = & $a ;         //通过 $b 引用 $a,实际上是变量 b 也指向了变量 a 的存储空间
    $b = 200 ;          //修改 $b 变量的值为 200,$a 也随之变为 200
    echo "b=".$b ;
    echo "<br/>";
    echo "a=".$a ;      //$a 的值也被修改
?>
```

运行结果为

```
b=200
a=200
```

虽然在 PHP 中并不需要初始化变量,但对变量进行初始化是个好习惯。未初始化的变

量具有其类型的默认值。

- 布尔型的变量默认值是 false；
- 整型和浮点型变量默认值是 0；
- 字符串型变量(如用于 echo 中)默认值是空字符串；
- 数组变量的默认值是空数组。

【例 2.8】 未初始化变量的默认值 。

```php
<?php
    var_dump ( $unset_var );                //默认 NULL
    echo "<br/>";
    echo( $unset_bool ?"true":"false");     //默认 false
    echo "<br/>";
    $unset_str .= 'abc' ;                   //默认空字符串
    var_dump ( $unset_str );
    echo "<br/>";
    $unset_int += 25 ;                      //默认 0
    var_dump ( $unset_int );
    echo "<br/>";
    $unset_float += 1.25 ;                  //默认 0
    var_dump ( $unset_float );
    echo "<br/>";
    $unset_arr [ 3 ] = "def" ;              //默认空数组
    var_dump ( $unset_arr );
    echo "<br/>";
    $unset_obj -> foo = 'bar' ;             //默认空对象
    var_dump ( $unset_obj );
    echo "<br/>";
?>
```

运行结果如图 2.5 所示。

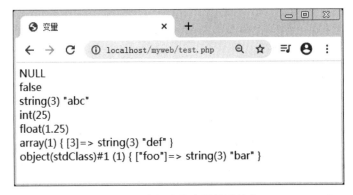

图 2.5 未初始化变量的默认值

2.3 常量和表达式

2.3.1 常量

常量是一个简单的标识符,在脚本执行期间该值不能改变。常量默认大小写敏感,通常常量标识符总是大写的。PHP中可以用define()函数来定义常量,在PHP 5.3.0以后,可以使用const关键字在类定义之外定义常量。一个常量一旦被定义,就不能再改变或取消定义。

define()函数语法如下:

```
define ( string $name , mixed $value [, bool $case_insensitive = false ] ) : bool
```

参数说明如下。

(1) name:常量名。可以简单地通过指定其名字来获得常量的值,与变量不同,常量名的前面不能加上$。

(2) value:常量的值。在PHP 5中,value必须是标量(integer、float、string、boolean、NULL),在PHP 7中可以允许value是array的值。

常量还可以定义为resource类型,但并不推荐这样做,因为可能会有不可预知的结果发生。

(3) case_insensitive。如果设置为true,该常量则大小写不敏感;默认是大小写敏感的,如CONSTANT和Constant代表了不同的值。

(4) 返回值。成功时返回true;失败时返回false。

【例2.9】 常量示例。

```php
<?php
    ini_set("display_errors", "On");      //开启错误提示
    define("CONSTANT", "Hello world.");    //定义常量CONSTANT,值为"Hello world.",
                                           //默认区分大小写
    echo CONSTANT;                         //输出 "Hello world."
    echo "<br/>";
    echo Constant;                         //输出 "Constant" 同时输出错误提示
    echo "<br/>";
    define("GREETING", "Hello you.", true); //定义常量GREETING,值为"Hello you.",设
                                            //置不区分大小写
    echo GREETING;                         //输出 "Hello you."
    echo "<br/>";
    echo Greeting;                         //输出 "Hello you."
    echo "<br/>";
    define('ANIMALS', array(               //PHP 7以后的版本支持定义常量数组
        'dog',
        'cat',
        'bird'
    ));
    echo ANIMALS[1];                       //输出 "cat"
    echo "<br/>";
    const MESSAGE = '使用const关键字';      //PHP 5.3.0以后的版本可以使用const关键
                                           //字定义常量
    echo MESSAGE;
    echo "<br/>";
?>
```

运行结果如图2.6所示。

常量和变量的区别总结如下。

- 常量前面没有美元符号($)。

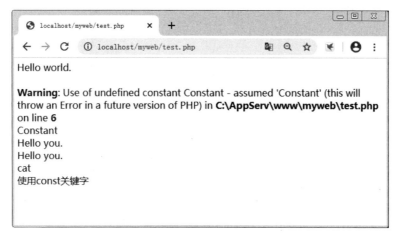

图 2.6　常量示例

- 常量只能用 define() 函数或 const 关键字定义，而不能通过赋值语句。
- 常量可以不用理会变量的作用域在任何地方定义和访问。
- 常量一旦定义就不能被重新定义或取消定义。
- 常量的值只能是标量或数组。

2.3.2　PHP 魔术常量

魔术常量是 PHP 预定义的一些常量，这些常量的值会随着所在的位置而变化，因此，严格来说，魔术常量不能算常量。

有 8 个魔术常量，它们的值随着它们在代码中位置的改变而改变。例如，_LINE_ 的值就依赖于它在脚本中所处的行来决定。这些特殊的常量不区分大小写，常见魔术常量见表 2.1。

表 2.1　常见魔术常量

名称	说　　明
LINE	文件中的当前行号
FILE	文件的完整路径和文件名。如果用在被包含文件中，则返回被包含的文件名。自 PHP 4.0.2 起，_FILE_ 总是包含一个绝对路径(如果是符号连接，则是解析后的绝对路径)，而在此之前的版本有时会包含一个相对路径
DIR	文件所在的目录。如果用在被包括文件中，则返回被包括的文件所在的目录。它等价于 dirname(_FILE_)。除非是根目录，否则目录名中不包括末尾的斜杠
FUNCTION	函数名称(PHP 4.3.0 新加)。自 PHP 5 起，返回该函数被定义时的名字(区分大小写)。在 PHP 4 中该值总是小写字母的
CLASS	类的名称(PHP 4.3.0 新加)。自 PHP 5 起本常量返回该类被定义时的名字(区分大小写)。在 PHP 4 中该值总是小写字母的。类名包括其被声明的作用区域(例如 Foo\Bar)。注意自 PHP 5.4 起，_CLASS_ 对 trait 也起作用。当用在 trait 方法中时，_CLASS_ 是调用 trait 方法的类的名字
TRAIT	Trait 的名字(PHP 5.4.0 新加)。自 PHP 5.4 起，返回 trait 被定义时的名字(区分大小写)。Trait 名包括其被声明的作用区域(例如 Foo\Bar)
METHOD	类的方法名(PHP 5.0.0 新加)。返回该方法被定义时的名字(区分大小写)
NAMESPACE	当前命名空间的名称(区分大小写)。此常量是在编译时定义的(PHP 5.3.0 新增)

【例 2.10】 __LINE__、__FILE__、__DIR__举例。

```
<!DOCTYPE html>
<html>
    <head>
        <meta charset="utf-8">
        <title>魔术常量</title>
    </head>
    <body>
        <?php
            echo '这行是源文件第 " ' . __LINE__ . ' " 行';
            echo "<br/>";
            echo '这行是源文件第 " ' . __line__ . ' " 行';
            echo "<br/>";
            echo '该文件位于 " ' . __FILE__ . ' " ';
            echo "<br/>";
            echo '该文件位于 " ' . __DIR__ . ' " ';
            echo "<br/>";
        ?>
    </body>
</html>
```

运行结果如图 2.7 所示。

图 2.7　魔术常量示例

2.3.3　表达式

表达式是 PHP 最重要的基石,简单来说,表达式就是"任何有值的东西"。因此,凡是由运算符和运算对象组成的,或者单独的一个运算对象(常量/变量)都可以叫作表达式,如 4、4+2、$c=3+7$、$3>5$、$x>y$。

每一个表达式都有自己的值以及类型。表达式的值就是该表达式计算的结果,表达式的类型就是该表达式的值的类型。

最基本的表达式形式是常量和变量,当然也包括运算表达式,表 2.2 列出了常见的表达式形式。

表 2.2　常见表达式值与类型

表达式	值	类型
4	4	整型
$a = 3.14	3.14	浮点型
$a = false	false	布尔型
3<5	true	布尔型
5 * 3	15	整型

理解了表达式有值和类型的概念,就不难理解 $b= $a=5 这个语句,因为 $a=5 是一个赋值表达式,$a 的值是 5,类型是整型,这个语句就相当于 $b=($a=5),进而相当于 $b=5,$b 的值被赋值为 5。

PHP 是一种面向表达式的语言,从这一方面来讲几乎一切都是表达式。一些表达式可以被当成语句。这时,一条语句的形式是'expr' ';',即一个表达式加一个分号结尾。在 $b= $a=5;中,$a=5 是一个有效的表达式,但它本身不是一条语句,$b= $a=5;是一条有效的语句。

2.4 数据类型

数据类型的出现是计算机编程语言发展过程中的重要一步。在计算机的世界里,计算机操作的对象是数据,而每一个数据都有其类型,具备相同类型的数据才能彼此赋值。掌握数据类型能够合理分配内存,优化资源,减少存储空间。

PHP 的数据类型可以分为三类九种,分别是四种标量数据类型、三种复合数据类型以及两种特殊数据类型。

1. 四种标量类型

- 布尔型(boolean)
- 整型(integer)
- 浮点型(float)
- 字符串(string)

2. 三种复合类型

- 数组(array)
- 对象(object)
- 可调用 callable

3. 两种特殊类型

- 资源(resource)
- 无类型(NULL)

2.4.1 标量数据类型

标量数据类型是数据结构的最基础单元,只能存储一个数据。在 PHP 中的标量数据类型分为四种,如表 2.3 所示。

表 2.3 标量数据类型

类型	功 能
布尔型(boolean)	最简单的数据类型,只有 true(真)和 false(假)两个值
字符串(string)	字符串是连续的字符序列
整型(integer)	整型包含所有的整数,可以是正数也可以是负数
浮点型(float)	浮点型也是用来表示数字的,与整型不同除了可以表示整数外它还可以用来表示小数和指数

1. 布尔型

这是最简单的类型。布尔型表达了真值,可以为 true 或 false。

其语法为要指定一个布尔值,使用关键字 true 或 false,这里不区分大小写。例如:

```php
$foo = true ;                                   //指定变量 foo 的值为 true
```

开发中可以使用(bool)或者(boolean)来强制将一个值转换成布尔型,但是很多情况下不需要用强制转换,因为当运算符、函数或者流程控制结构需要一个布尔型参数时,该值会被自动转换。

当其他类型转换为布尔型时,以下值被认为是 false。

- 布尔值 false 本身;
- 整型值 0(零);
- 浮点型值 0.0(零);
- 空字符串,以及字符串"0";
- 不包括任何元素的数组;
- 不包括任何成员变量的对象(仅 PHP 4.0 适用);
- 特殊类型 NULL(包括尚未赋值的变量);
- 从空标记生成的 SimpleXML 对象。

其他值都被认为是 true(包括任何资源)。

注意:−1 和其他非零值(不论正负)一样,被认为是 true。

【例 2.11】 下例展示了一些数据类型转换成布尔型时,对应的布尔值。

```php
<?php
    var_dump ((bool) "" );                      //结果:bool(false)
    var_dump ((bool) 1 );                       //结果:bool(true)
    var_dump ((bool) - 2 );                     //结果:bool(true)
    var_dump ((bool) "foo" );                   //结果:bool(true)
    var_dump ((bool) 2.3e5 );                   //结果:bool(true)
    var_dump ((bool) array( 12 ));              //结果:bool(true)
    var_dump ((bool) array());                  //结果:bool(false)
    var_dump ((bool) "false" );                 //结果:bool(true)
?>
```

2. 字符串

字符串是连续的字符序列,在其他语言中,字符和字符串是两种不同的数据类型,但在 PHP 中,统一将字符和字符串当作字符串数据类型。在 PHP 中,定义字符串有三种方式,分别是单引号和双引号方式、heredoc 方式、nowdoc 方式。

1) 单引号和双引号的区别

在 PHP 中,字符串的定义可以使用英文单引号' ',也可以使用英文双引号" "。一般情况下两者是通用的,但双引号内部变量会被解析,而单引号则不会解析。

【例 2.12】 单引号双引号区别。

```php
<?php
```

```
    $price=100;
    echo "价格为： $price";                //变量$price会被识别解析
    echo "<br/>";
    echo '价格为： $price';                //变量$price被当作普通字符串
?>
```

运行结果为

```
价格为：100
价格为：$price
```

2）heredoc方式

heredoc常在输出包含大量HTML语法的文档时使用。在很多的PHP程序中，都巧妙地使用heredoc技术，部分实现界面与代码的准分离，phpwind模板就是一个典型的例子。

【例2.13】 heredoc示例（注意：这里的$msg会被解析）。

```
<?php
    $msg = '使用heredoc方式可以方便地输出包含大量HTML语法的文档';
    print <<<EOF
        <!DOCTYPE html>
        <html>
            <head>
                <meta charset="utf-8">
                <title>Heredoc</title>
            </head>
            <body>
                Hello,$msg!
            </body>
        </html>
EOF;
?>
```

运行结果为

```
Hello,使用heredoc方式可以方便地输出包含大量HTML语法的文档!
```

heredoc方式说明如下。

（1）以<<<EOF开始标记开始，以EOF结束标记结束，结束标记必须顶头写，不能有缩进和空格，且在结束标记末尾要有分号。

（2）开始标记和结束标记相同，比如常用EOT、EOD、EOF来表示，也可以用JSON、HTML等，只要保证开始标记和结束标记不在正文中出现即可。

（3）位于开始标记和结束标记之间的变量可以被正常解析，但是函数不可以。在heredoc中，变量不需要用连接符"."或","来拼接

3）nowdoc方式

nowdoc句法结构与heredoc结构相似，但是nowdoc不进行解析操作。这种结构很适合用于嵌入PHP代码或其他大段文本而无须对其中的特殊字符进行转义。

nowdoc的标记<<<后面的标识符必须用单引号括起来，即<<<'EOF'。heredoc结构的所有规则同样适用于nowdoc结构，尤其是结束标识符的规则。nowdoc是在PHP 5.3之后才加入的。

【例 2.14】 nowdoc 示例。注意：这里的 $msg 不会被解析。

```php
<?php
    $msg = '使用 Nowdoc 方式可以方便地输出包含大量 HTML 语法的文档';
    print <<<'EOF'
        <!DOCTYPE html>
        <html>
            <head>
                <meta charset="utf-8">
                <title>Nowdoc</title>
            </head>
            <body>
                Hello, $msg!
            </body>
        </html>
EOF;
?>
```

运行结果为

```
Hello,$msg!
```

3. 整型

在 PHP 中,整型变量称为 integer 或 int 类型,用来表示一个整数,整型的规则如下。
(1) 整型必须至少有一个数字(0~9);
(2) 整型不能包含逗号或空格;
(3) 整型不能包含小数点;
(4) 整型可以是正数或负数。
整型的取值范围必须介于 $-2E31$ 到 $2E31$ 之间,可以用三种格式来表示,即十进制、八进制(以 0 为前缀)和十六进制(以 0x 为前缀)。

【例 2.15】 整型示例。

```php
<?php
    $x = 5985;
    var_dump($x);                       //结果: int(5985)
    $x = -345;
    var_dump($x);                       //结果: int(-345)
    $x = 0x8C;                          //十六进制数字
    var_dump($x);                       //结果: int(140)
    $x = 047;                           //八进制数字
    var_dump($x);                       //结果: int(39)
?>
```

注意:在 PHP 7 版本中,含有十六进制字符的字符串不再被视为数字,而是当作普通的字符串。

【例 2.16】 十六进制字符的字符串示例。

```php
<?php
    var_dump("0x10" == "16");           //结果: bool(false)
```

```php
    var_dump(is_numeric("0x10"));          //结果：bool(false)
    var_dump("0xe" + "0x1");               //结果：int(0)
?>
```

4．浮点型

浮点型在 PHP 中被称为 float 类型，也可称为实数，可以用来存储整数和小数，有效的取值范围是 1.8E−308 到 1.8E+308 之间。浮点数据的精确度比整型数据类型要高，可以用以下任一语法定义。

```php
$a = 1.234;
$b = 1.2e3;
$c = 7E-10;
```

1）浮点数精度

在 PHP 中，浮点数的字长和平台相关，通常最大值是 1.8e308，并具有 14 位十进制数字的精度（64 位 IEEE 格式）。

浮点数的精度有限。尽管浮点数的精度取决于系统，PHP 通常使用 IEEE 754 双精度格式，则由取整而导致的最大相对误差为 1.11e−16。非基本数学运算可能会存在更大误差，并且要考虑进行复合运算时的误差传递。

此外，以十进制能够精确表示的有理数，如 0.1 或 0.7，无论有多少尾数都不能被内部所使用的二进制精确表示，因此转换为二进制的格式会丢失精度。如 floor((0.1+0.7) * 10) 通常会返回 7 而不是预期中的 8，因为该结果内部的表示其实是类似 7.9999999999999991118...。

2）浮点数比较

由于浮点数内部表示导致的精度缺失问题，所以在计算中比较浮点数时不能使用相等比较，可以判断比较的数值之间的差值是否在某个最小误差范围内，这个最小误差也被称为机器极小值（epsilon）或最小单元取整数，是计算中所能接受的最小的差别值。也可以使用 PHP 提供的 BC 数学函数 bccomp 比较两个任意精度的数字，其他数学函数请查阅相关手册。

bccomp 语法格式如下：

```php
bccomp ( string $left_operand , string $right_operand [, int $scale = int ] ) : int
```

说明：把 right_operand 和 left_operand 作比较，并且返回一个整数的结果。

（1）参数说明如下。

left_operand：左边的运算数，是一个字符串。

right_operand：右边的运算数，是一个字符串。

scale：可选的 scale 参数用来设置指示数字，使用作比较的小数点部分。

（2）返回值说明。如果两个数相等返回 0，左边的数 left_operand 比右边的数 right_operand 大返回 1，否则返回−1。

【例 2.17】　浮点数比较示例。

```php
<?php
    $a = 0.3;
    $b = 0.2;
    $c = 0.1;
    if(($a-$b)==$c){                       //直接计算判断 a-b 的值是否等于 c
```

```php
        echo "我们相等<br/>";
    }else{
        echo "我们不相等<br/>";
    }
    $epsilon = 0.00001;                           //指定可接受的最下误差
    if(($a-$b)-$c < $epsilon) {                    //比较两个值是否在可接受误差范围内,判断
                                                   //  a-b 的值是否等于 c
        echo "我们终于相等了<br/>";
    }
    if(bccomp(($a-$b),$c) == 0){
        echo "使用数学函数 bccomp 判断我们相等<br/>";
    }
?>
```

运行结果为

我们不相等
我们终于相等了
使用数学函数 bccomp 判断我们相等

3) PHP 中数值的近似

在 PHP 中,经常会遇到对浮点数进行四舍五入的情况,表 2.4 列出一些常用的 PHP 的精度取舍的浮点数函数。

表 2.4　PHP 浮点数函数

函　　数	功　　能
float ceil(float value)	对 value 向上取整(舍去小数部分并加 1)
float floor(float value)	对 value 向下取整(舍去小数部分)
float round(float val [, int precision])	将 val 根据指定精度 precision(十进制小数点后数字的数目)进行四舍五入
string sprintf(string $format [, mixed $args [, mixed $...]])	格式化字符串

【例 2.18】　常用函数示例。

```php
<?php
    echo 'ceil(4.0)='.ceil(4.0)."<br/>";              //上取整,4
    echo 'ceil(4.1)='.ceil(4.1)."<br/>";              //上取整,5
    echo 'floor(9.999)='.floor(9.999)."<br/>";        //下取整,9
    echo 'floor(9.0)='.floor(9.0)."<br/>";            //下取整,9
    echo 'round(3.0)='.round(3.0)."<br/>";            //四舍五入,3
    echo 'round(3.5)='.round(3.5)."<br/>";            //四舍五入,4
    echo 'round(1.95583, 2)='.round(1.95583, 2)."<br/>";
                                                      //四舍五入,指定小数点后保留 2 位,1.96
    //php 保留三位小数并且四舍五入,0.022
    echo 'sprintf("%.3f", 0.0215489)='.sprintf("%.3f", 0.0215489)."<br/>";
?>
```

运行结果为

ceil(4.0)=4

```
ceil(4.1)=5
floor(9.999)=9
floor(9.0)=9
round(3.0)=3
round(3.5)=4
round(1.95583, 2)=1.96
sprintf("%.3f", 0.0215489)=0.022
```

2.4.2 复合数据类型

复合数据类型允许将多个类型相同的数据聚合在一起,表示为一个实体项。复合数据类型包括数组(array)、对象(object)和可调用(callable)。

1. 数组

数组是一组数据的集合,是将数据按照一定规则组织起来形成的一个整体,数组的本质是存储管理和操作一组变量。按照数组的维度划分,可以有一维数组、二维数组和多维数组。

PHP 中的数组实际上是一个有序映射,映射是一种把 values 关联到 keys 的类型。

PHP 使用 array()或 array[]结构来新建一个数组。它接受任意数量用逗号分隔的"键(key)=>值(value)"对。其中,键(key)可以是一个整数 int 或字符串 string,值(value)可以是任意类型。

【例 2.19】 数组声明示例。

```php
<?php
    $arr = array(
        'website' => '百度搜索',
        'url' => 'http://www.baidu.com'
    );
    var_dump($arr);
    //自 PHP 5.4 起,可以使用[]定义数组
    $array = [
        "website" => "百度搜索",
        "url" => "http://www.baidu.com",
    ];
    var_dump($array);
?>
```

2. 对象

对象可以用于存储数据。在 PHP 中对象必须声明,首先必须使用 class 关键字声明类对象,类是可以包含属性和方法的结构;然后在类中定义数据类型,在实例化的类中使用数据类型。

在支持面向对象的语言中,可以把各个具体事物的共同特征和行为抽象成一个实体,称为一个"类",而对象是类使用 new 关键字实例化后的结果。

【例 2.20】 类与对象示例。

```php
<?php
    class foo                                   //使用 class 定义一个类
```

```
    {
        function do_foo()
        {
         echo "Doing foo.";
        }
    }
    $bar = new foo;                          //使用 new 语句实例化一个类
    $bar->do_foo();
?>
```

3. 可调用

自 PHP 5.4 起可用可调用类型指定回调类型(callback)。

【例 2.21】 可调用示例。

```
<?php
    ini_set("display_errors", "On");        //开启错误提示
    function demo(callable $fn){
        call_user_func($fn);                 //使用 call_user_func()函数调用
        $fn();                               //直接调用
    }
    function mycallback(){
        echo __FUNCTION__,'<br/>';           //返回该函数名字
    }
    demo('mycallback');
?>
```

运行结果为

```
mycallback
mycallback
```

2.4.3 特殊数据类型

在 PHP 中,有用来专门提供服务或数据的数据类型,它不属于上述标准数据类型中的任意一类,因此也被称为特殊数据类型,主要包括 NULL 和资源数据类型。

1. NULL

NULL 在 PHP 中是一种特殊的数据类型,它只有一个值,即 NULL,表示空值(变量没有值),需要注意的是它与空格的意义不同。当满足下列条件时,变量的值为 NULL:
- 变量被指定为 NULL 值;
- 变量在没有被赋值前,默认值为 NULL;
- 使用 unset()函数删除一个变量后,这个变量值也为 NULL。

【例 2.22】 使用 NULL 类型清空变量。

```
<?php
    $str = 'PHP 中文网';
    var_dump($str);
    echo "<br/>";
```

```
    $str = NULL;
    var_dump($str);
?>
```

运行结果为

```
string(12) "PHP 中文网"
NULL
```

2. 资源

资源（resource）在 PHP 中同样是一种特殊的数据类型，保存了到外部资源的一个引用。它主要描述一个 PHP 的扩展资源，例如一个数据库查询（query）、一个打开的文件句柄（fopen）、一个数据库连接（database connection）以及字符流（stream）等扩展类型。但是我们并不能直接操作这个变量类型，只能通过专门的函数来使用。

【例 2.23】　资源示例，用 fopen() 函数打开一个本地文件。

```
<?php
    $file = fopen("test.php", "rw");          //打开 test.php 文件
    var_dump($file);
?>
```

运行结果为

```
resource(3) of type (stream)
```

运行结果中的 3 表示资源 ID 为 3，stream 表示资源类型名称为 stream。

资源是 PHP 提供的较强特性之一，它可以在 PHP 脚本中做自定义的扩展，类似于 C 语言结构中的引用，它的所有属性都是私有的，可以暂时将其理解为面向对象中的一个实例化对象。

2.4.4　类型转换

1. 自动类型转换

PHP 在变量定义中不需要指定变量的类型；变量的类型是根据该变量的值决定的。也就是说，如果把一个 string 值赋给变量 $var，$var 就成了一个 string。如果又把一个 int 赋给 $var，那它就成了一个 int。

【例 2.24】　自动类型转换示例。

```
<?php
    $var = "hello";            //将字符串 hello 赋值给变量 var
    var_dump($var);            //string(5) "hello",变量 var 是字符串 hello
    $var = 100;                //将整数 100 赋值给变量 var
    var_dump($var);            //int(100),变量 var 是整数 100
?>
```

PHP 的自动类型转换的一个例子是加法运算符＋。如果任何一个操作数是 float，则所有的操作数都被当成 float，结果也是 float。否则操作数会被解释为 integer，结果也是 integer。注意这并没有改变这些操作数本身的类型；改变的仅是这些操作数如何被求值以及表达式本

身的类型。

【例 2.25】 加法运算符自动转换示例。

```php
<?php
    $foo = "0" ;                   //$foo 是字符串 (ASCII 48)
    var_dump($foo);                //string(1) "0"
    $foo += 2 ;                    //$foo 现在是一个整数 (2)
    var_dump($foo);                //int(2)
    $foo = $foo + 1.3 ;            //$foo 现在是一个浮点数 (3.3)
    var_dump($foo);                //float(3.3)
    $foo = 5 + "10abc" ;           //$foo 是整数 (15),字符串 10abc 转换成了 10
    var_dump($foo);                //int(15)
    $foo = 5 + "abc10" ;           //$foo 是整数 (5),字符串转 abc10 换成了 0
    var_dump($foo);                //int(5)
?>
```

2. 强制类型转换

如果要将一个变量强制转换为某类型,可以对其使用强制转换,PHP 中强制类型转换有三种方式。

(1) 用 intval()、floatval()、strval()三个函数可以完成类型转换。

【例 2.26】 类型转换函数示例。

```php
<?php
    $f = 1.53;
    $result = intval($f);          //强制转化为整型
    var_dump($result);             //int(1)
    $i = 5;
    $re = floatval($i);            //强制转化为浮点型
    var_dump($re);                 //float(5)
    $i = 23;
    $s = strval($i);               //强制转化为字符串
    var_dump($s);                  //string(2) "23"
?>
```

(2) 变量前加上(),在()里面写上类型,将它转换后赋值给其他变量。语法格式为

(目标类型) 变量;

注意:PHP 中并不能使用该语法将任意类型的数据转换为其他任意类型,因为有些类型之间的转换是没有意义的,最常见的转换通常发生在基本(标量)数据类型之间。

允许的强制转换的数据类型如下。

- (int)、(integer)转换为整型;
- (bool)、(boolean)转换为布尔类型;
- (float)、(double)、(real)转换为浮点型;
- (string)转换为字符串;
- (array)转换为数组;
- (object)转换为对象;
- (unset)转换为 NULL(PHP 5)。

【例 2.27】 强制类型转换示例。

```php
<?php
    $transfer = 12.8;                  //定义一个浮点类型变量
    $result = (int)$transfer;          //把浮点型变为整型
    var_dump($result);                 //int(12)
    $result = (bool) $transfer;        //把浮点变为布尔
    var_dump($result);                 //bool(true)
    $bool = true;
    $result = (int)$bool;              //把布尔变整型
    var_dump($result);                 //int(1)
    $fo = 2.50;
    $result = (array)$fo;              //把浮点变数组
    var_dump($result);                 //array(1) { [0]=> float(2.5) }
?>
```

（3）使用 settype() 函数改变变量类型。语法格式为

settype (mixed &$var , string $type) : bool

其功能是将变量 var 的类型设置成 type。

参数说明如下。

① var 表示要转换的变量。

② type 的可能值如下。

- boolean（或 bool，从 PHP 4.2.0 起）
- integer（或 int，从 PHP 4.2.0 起）
- float（只在 PHP 4.2.0 之后可以使用，对于旧版本中使用的 double 现已停用）
- string
- array
- object
- null（从 PHP 4.2.0 起）

③ 返回值：成功时返回 true，失败时返回 false。

【例 2.28】 settype() 函数示例。

```php
<?php
    $fo = 250.88;                      //定义浮点型变量 fo
    settype($fo,'int');                //变量 fo 强制转化为 int
    var_dump($fo);                     //int(250)
    settype($fo,'boolean');            //变量 fo 强制转化为 boolean
    var_dump($fo);                     //bool(true)
?>
```

2.4.5 常用字符串函数

PHP 提供了大量的处理字符串的函数，这也是它的特点之一。PHP 字符串函数很多，下面介绍一些常用的 PHP 字符串函数。

1. strlen(string)

返回给定的字符串 string 的字节长度。成功时返回字符串 string 的长度；如果 string 为空，则返回 0。

strlen 无法正确处理中文字符串,它得到的只是字符串所占的字节数。对于 UTF-8 编码的中文,一个汉字占三个字节。

例如:

```
strlen('hello');                    //长度是 5
strlen('中国 a');                   //长度是 7
```

2. strstr(string,search,before_search)

查找字符串 search 在另一字符串 string 中是否存在。如果存在,则返回该字符串及剩余部分;否则返回 false。参数 before_search 为可选参数,默认值为 false。如果设置为 true,它将返回 search 参数第一次出现之前的字符串部分。

例如:

```
$str = 'admin@abc';
echo strstr($str,'@');              //返回字符串$str 从@到结尾部分,输出@abc
echo strstr($str,'@',true);         //返回字符串$str 中的@之前的部分,输出 admin
```

3. strrchr(string,char)

查找字符 char 在另一个字符串 string 中最后一次出现的位置,并返回从该位置到字符串结尾的所有字符,如果 char 未被找到,则返回 false。

如果 char 包含了不止一个字符,那么仅使用第一个字符;如果 char 不是一个字符串,那么将其转化为整型并视为字符顺序值。

例如:

```
strrchr("Hello world! What a beautiful day!","Waaa");
//搜索 "W" 在字符串中的位置,并返回从该位置到字符串结尾的所有字符,输出 What a
  beautiful day!
strrchr("Hello world!",101);
//以 "e" 的 ASCII 值搜索 "e" 在串中的位置,并返回从该位置到字符串结尾的所有字符,输出 ello
  world!
```

4. str_replace(find,replace,string,count)

str_replace(find,replace,string,count)函数将 string 中全部的 find 用 replace 替换,返回一个字符串或者数组。其中 count 是可选参数,可以对替换数进行计数。例如:

```
$str = str_replace("World","PHP","Hello World!",$i);
echo $str;                          //输出 Hello PHP!
echo $i;                            //输出 1
```

5. str_ireplace(find,replace,string,count)

str_ireplace(find,replace,string,count)函数的用法同 str_replace 类似,只是这里不区分大小写。例如:

```
$str = str_replace("World","PHP","Hello world!");
```

```
echo $str;                              //替换失败,输出仍然是 Hello world!
$str = str_ireplace("World","PHP","Hello world!");
echo $str;                              //不区分大小写替换,输出 Hello PHP!
```

6. strtolower(string)

strtolower(string)用来将 string 中所有的字母字符转换为小写。例如：

```
$str = "Hello World";
$str = strtolower($str);
echo $str;                              //输出 hello world
```

7. strtoupper(string)

strtoupper(string)用来将 string 中所有的字母字符转换为大写。例如：

```
$str = "Hello World";
$str = strtoupper($str);
echo $str;                              //输出 HELLO WORLD
```

8. ucwords(string)

ucwords(string)用来将字符串 string 中每个单词的首字母转换为大写。例如：

```
$str = "hello world";
$str = ucwords($str);
echo $str;                              //输出 Hello World
```

9. ucfirst(string)

ucfirst(string)用来将 string 的首字符(如果首字符是字母)转换为大写字母,并返回这个字符串。例如：

```
$str = "hello world";
$str = ucfirst($str);
echo $str;                              //输出 Hello world
```

10. substr(string,start[,length])

substr(string,start[,length])用来返回字符串 string 由 start 和 length 参数指定的子字符串,如果 start 参数表示负截断或者越界位置,则返回 false。

substr 参数说明如表 2.5 所示。

表 2.5 substr 参数说明

参数	描 述
string	必需。规定要返回其中一部分的字符串
start	必需。规定在字符串的何处开始 正数：在字符串的指定位置开始 负数：在从字符串结尾的指定位置开始 0：在字符串中的第一个字符处开始

参数	描　述
length	可选。规定要返回的字符串长度。默认是直到字符串的结尾 正数：从 start 参数所在的位置返回最多包括 length 个字符 负数：string 末尾处的 length 个字符将会被省略 0：false 或 null—返回空字符串

例如：

```
substr("abcdef", 2)      //从下标 2 开始截取到末尾,返回 "cdef"
substr("abcdef", -2)     //从尾部下标-2 开始截取到末尾,返回 "ef"
substr("abcdef", 2,3)    //从下标 2 开始截取 3 个长度字符,返回 "cde"
substr("abcdef", 2,-3)   //从下标 2 开始截取到尾部下表-3 位置,返回 "c"
substr("abcdef", -3,1)   //从尾部下标-3 开始截取 1 个长度字符,返回 "d"
substr("abcdef", -3,-1)  //从尾部下标-3 开始截取到尾部下标-1 位置,返回 "de"
ssubstr("abcdef", 10)    //越界,返回 "false"
```

11. strrev(string)

strrev(string)用来返回 string 反转之后的字符串。例如：

```
strrev('admin@abc');    //输出 cba@nimda
```

12. trim(string[,charlist])

trim(string[,charlist])用来去除字符串 string 首尾处的空白字符(或者其他字符),返回过滤后的字符串。其中 charlist 为可选参数,规定从字符串中删除哪些字符。如果省略该参数,则会移除下列所有字符。

- "\0":NULL；
- "\t":制表符；
- "\n":换行；
- "\x0B":垂直制表符；
- "\r":回车；
- " ":空格。

例如：

```
$hello = " Hello World ";
echo strlen($hello);     //输出带有前后空格的字符串长度 13
$trimmed = trim($hello);
echo strlen($trimmed);  //输出清除了前后空格的字符串长度 11
```

13. explode(separator,string[,limit])

explode(separator,string[,limit])可以用指定字符串 separator 拆分字符串 string,并返回由字符串组成的数组。如果设置了 limit 参数并且是正数,则返回的数组包含最多 limit 个元素,而最后那个元素将包含 string 的剩余部分；如果 limit 参数是负数,则返回除了最后的—limit 个元素外的所有元素；如果 limit 是 0,则会被当作 1,字符串 string 将不被拆分。例如：

```
$str = 'one|two|three|four';
explode("|", $str);          //得到数组["one","two","three", "four"]
explode('|', $str, 2);       //得到数组["one"," two|three|four"]
explode('|', $str, -1);      //得到数组["one","two","three"]
```

14. implode(separator,array)

用 separator 将一维数组 array 的值连接为一个字符串。数组的知识在后面章节详细介绍。例如：

```
$array = array('one', 'two', 'three');
echo implode("|", $array);   //得到字符串"one|two|three"
```

15. htmlentities(string)/ htmlspecialchars(string)

两者都是将字符串 string 转换为 HTML 转义字符，不同的是，htmlentities(string)函数转换所有含有对应"HTML 实体"的特殊字符，比如货币表示符号(欧元英镑等、版权符号等)，htmlspecialchars(string)函数只能把一些预定义的字符转换为 HTML 实体。

预定义的字符如下。

- & (和)转换为 &
- " (双引号)转换为 "
- ' (单引号)转换为'
- < (小于)转换为 <
- > (大于)转换为 &gt。

例如：

```
$str = "<a href='#'>? 版权信息</a>";
htmlentities($str);          //转换结果为 &lt;a href='#'&gt;&copy;版权信息 &lt;/a&gt;
htmlspecialchars($str);      //转换结果为 &lt;a href='#'&gt;? 版权信息 &lt;/a&gt;
```

16. html_entity_decode(string)/ htmlspecialchars_decode(string)

这两个函数是 htmlentities(string)/ htmlspecialchars(string)的反函数，都是将特殊的 HTML 实体转换回普通字符，只是 htmlspecialchars_decode 函数只能把一些预定义的 HTML 实体转换为字符。

例如：

```
$str = "&lt;a href='#'&gt;&copy;版权信息 &lt;/a&gt;";
html_entity_decode($str);          //转换结果为<a href='#'>©版权信息</a>
htmlspecialchars_decode($str);     //转换结果为<a href='#'>&copy;版权信息</a>
```

2.5 运 算 符

运算符可以通过给出的一或多个值来构成表达式，进而产生另一个值。运算符可以按照其能接受几个值来分组。一元运算符只能接受一个值，如！(逻辑取反运算符)或++(递增运算符);二元运算符可以接受两个值,如算术运算符+(加)和−(减),大多数 PHP 运算符都是这种;最后是唯一一种三元运算符?:,可接受三个值,通常也称为条件运算符。

2.5.1　PHP 算数运算符

算数运算符和生活中的基本数学知识一样,进行加减乘除运算。常用的 PHP 数学运算符见表 2.6。

表 2.6　PHP 算数运算符

运算符	名称	例子	结　　果
+	加法	$x+$y	$x 与 $y 的加和
−	减法	$x−$y	$x 与 $y 的差数
*	乘法	$x * $y	$x 与 $y 的乘积
/	除法	$x/$y	$x 与 $y 的商数
%	取模	$x%$y	$x 除 $y 的余数
intdiv()	整除	intdiv($x, $y)	$x 除 $y 的整数
++$x	前递增	++$x	$x 加一递增,然后返回 $x
$x++	后递增	$x++	返回 $x,然后 $x 加一递增
−−$x	前递减	−−$x	$x 减一递减,然后返回 $x
$x−−	后递减	$x−−	返回 $x,然后 $x 减一递减

注意:除法运算符总是返回浮点数。只有在下列情况例外:两个操作数都是整数(或字符串转换成的整数)并且正好能整除,这时它返回一个整数。

例 2.29 展示了使用不同算数运算符的不同结果。

【例 2.29】　算数运算符示例。

```php
<?php
    $x=17;
    $y=8;
    echo ($x + $y);          //输出 25
    echo ($x - $y);          //输出 9
    echo ($x * $y);          //输出 136
    echo ($x / $y);          //输出 2.125
    echo ($x % $y);          //输出 1
    echo (intdiv($x, $y));   //输出 2
    echo ++$x;               //输出 18
    echo $y++, $y;           //输出 8 9
    $z=17;
    echo --$z, $z;           //输出 16 16
    $i=17;
    echo $i--, $i;           //输出 17 16
?>
```

取模运算符的操作数在运算之前都会转换成整数(除去小数部分)。

取模运算符%的结果和被除数的符号(正负号)相同。即 $a%$b 的结果和 $a 的符号相同。

【例 2.30】　取模运算符示例。

```php
<?php
    echo (5 % 3);          //输出 2
    echo (5 % -3);         //输出 2
    echo (-5 % 3);         //输出 -2
    echo (-5 % -3);        //输出 -2
?>
```

2.5.2　PHP 赋值运算符

PHP 赋值运算符用于向变量写值,在 PHP 中,基本的赋值运算符是＝。它意味着左侧运算数被设置为右侧表达式的值(见表 2.7)。也就是说,$x＝5$ 的值是 5。

表 2.7　PHP 赋值运算符

赋值	等同于	描　　述
x＝y	x＝y	右侧表达式为左侧运算数设置值
x＋＝y	x＝x＋y	加
x－＝y	x＝x－y	减
x＊＝y	x＝x＊y	乘
x/＝y	x＝x/y	除
x%＝y	x＝x%y	模数

下例展示了使用不同赋值运算符的不同结果。

【例 2.31】　赋值运算符示例。

```php
<?php
    $x=17;
    echo $x;               //输出 17
    $y=17;
    $y += 8;
    echo $y;               //输出 25
    $z=17;
    $z -= 8;
    echo $z;               //输出 9
    $i=17;
    $i *= 8;
    echo $i;               //输出 136
    $j=17;
    $j /= 8;
    echo $j;               //输出 2.125
    $k=17;
    $k %= 8;
    echo $k;               //输出 1
?>
```

2.5.3　PHP 字符串运算符

常用的 PHP 字符串运算符见表2.8。

表 2.8　PHP 字符串运算符

运算符	名称	例子	结果
.	字符串连接	$txt1 = "Hello"." world!"	"Hello world!"
.=	字符串连接赋值	$txt1 = "Hello"; $txt1 .= "world!"	"Hello world!"

【例 2.32】　字符串运算符示例。

```php
<?php
    $a = "Hello";
    $b = $a . " world!";
    echo $b;                    //输出 Hello world!
    $x="Hello";
    $x .= " world!";
    echo $x;                    //输出 Hello world!
?>
```

2.5.4　PHP 比较运算符

PHP 比较运算符用于比较两个值(数字或字符串),见表 2.9。

表 2.9　PHP 比较运算符

运算符	名称	例子	结果
==	等于	$x== $y	$x 和 $y 的值相等,返回 true
===	全等	$x=== $y	$x 和 $y 的值相等,且它们类型也相同,返回 true
!=	不等于	$x!= $y	如果 $x 不等于 $y,则返回 true
<>	不等于	$x<> $y	如果 $x 不等于 $y,则返回 true
!==	不全等	$x! == $y	如果 $x 不等于 $y,或它们类型不相同,则返回 true
>	大于	$x> $y	如果 $x 大于 $y,则返回 true
<	小于	$x< $y	如果 $x 小于 $y,则返回 true
>=	大于或等于	$x>= $y	如果 $x 大于或者等于 $y,则返回 true
<=	小于或等于	$x<= $y	如果 $x 小于或者等于 $y,则返回 true
<=>	组合比较符, 也称为太空 船操作符	$x<=> $y;	如果 $x> $y,则返回 1 如果 $x== $y,则返回 0 如果 $x< $y,则返回 −1

【例 2.33】　比较运算符示例。

```php
<?php
    $x=17;
    $y="17";
    var_dump($x == $y);        //结果为 true
    var_dump($x === $y);       //结果为 false
    var_dump($x != $y);        //结果为 false
    var_dump($x !== $y);       //结果为 true
    $a=17;
    $b=8;
    var_dump($a > $b);         //结果为 true
```

```
var_dump($a < $b);          //结果为 false
//整型
echo 1 <=> 1;               //结果为 0
echo 1 <=> 2;               //结果为-1
echo 2 <=> 1;               //结果为 1

//浮点型
echo 1.5 <=> 1.5;           //结果为 0
echo 1.5 <=> 2.5;           //结果为-1
echo 2.5 <=> 1.5;           //结果为 1

//字符串
echo "a" <=> "a";           //结果为 0
echo "a" <=> "b";           //结果为-1
echo "b" <=> "a";           //结果为 1
?>
```

2.5.5 PHP 逻辑运算符

常用的 PHP 逻辑运算符见表 2.10。

表 2.10   PHP 逻辑运算符

运算符	名称	例子	结 果
and	与	$x and $y	如果 $x 和 $y 都为 true,则返回 true
or	或	$x or $y	如果 $x 和 $y 至少有一个为 true,则返回 true
xor	异或	$x xor $y	如果 $x 和 $y 有且仅有一个为 true,则返回 true
&&	与	$x && $y	如果 $x 和 $y 都为 true,则返回 true
||	或	$x || $y	如果 $x 和 $y 至少有一个为 true,则返回 true
!	非	! $x	如果 $x 不为 true,则返回 true

在 PHP 中,&& 与 and 都表示逻辑与,|| 与 or 都表示逻辑或。它们都是短路运算符,它们的区别在于运算的优先级不同。

例如:

```
$t1=true and false;
$t2=true && false;
var_dump($t1,$t2);
```

在上面的代码中 $t1 的值为 true, $t2 的值为 false。这是因为运算符 and、=、&& 的优先级为 && > = > and,所以在执行第一行时,会先将 true 赋值给 t1,false 被忽略。而第二行代码会先进行 && 运算,然后将运算的结果 false,赋值给 t2。

同样对于 || 和 or,运算符 or、=、|| 的优先级为 || > = > or。下面代码运行后,$t1 的值为 false, $2 的值为 true。

```
$t1=false or true;
$t2=false || true;
var_dump($t1,$t2);
```

【例 2.34】 逻辑运算符"and"和"&&"的差异示例。

```php
<?php
    $bool = true && false;        //在表达式中使用 && 运算符
    var_dump($bool);              //结果为 bool(false)
    $bool = true and false;       //在表达式中使用 and 运算符
    var_dump($bool);              //结果为 bool(true)
    $bool = (true and false);     //改写一下代码
    var_dump($bool);              //结果为 bool(false)
?>
```

从例 2.34 运行结果看出，两个运算符的操作数相同时，运算结果却不一样，这是因为，&& 运算符的优先级高于＝运算符的优先级；而 and 的优先级低于运算符＝。同样，对于‖和 or，运算符 or、＝、‖的优先级为‖＞＝＞ or。

在第一个表达式 $bool ＝ true && false 中，首先计算 true && false，计算结果为 false，然后把这个结果赋值给 $bool，此时 $bool 的值为 false。在第二个表达式 $bool ＝ true and false 中，因为＝优先级大于 and，因此执行 $bool ＝ true，此时 false 被忽略，因此 $bool 的值为 true。所以，为了能得到正确的结果，可以通过添加()来改变优先级。

2.5.6 三元运算符

三元运算符也称为条件运算符。三元运算符不是一种必不可少的结构，但却是一种美化代码的途径，一些场合下它可以取代 if...else 代码块，并且可以提高代码的可读性。

三元运算符语法格式为

```
(expr1) ? (expr2) : (expr3)
```

对 expr1 求值为 true 时，表达式值为 expr2，在 expr1 求值为 false 时表达式的值为 expr3。

自 PHP 5.3 起，可以省略三元运算符中间那一部分。表达式 expr1 ?：expr3 在 expr1 求值为 true 时返回 expr1，否则返回 expr3。

【例 2.35】 三元运算符常用方式示例。

```php
<?php
    $uName = 'admin';
    //普通写法
    $username = isset($uName) ? $uName : 'nobody';
    echo $username;                //输出 admin
    //PHP 5.3+ 版本写法
    $username = $uName ?: 'nobody';
    echo $username;                //输出 admin
?>
```

例 2.35 通过 isset()函数判断变量 uName 是否有值，如果有值则返回 uName 的值，否则返回 nobody。在 PHP 7＋版本之后多了一个 NULL 合并运算符"??"。

【例 2.36】 PHP 7 版本三元运算符示例。

```php
<?php
    //如果 $uName 不存在则返回 'nobody'，否则返回 $uName 的值
    $username = $uName ?? 'nobody';
    echo $username;
    //等价于下面表达式
```

```
$username = isset($uName) ? $uName : 'nobody';
echo $username;
?>
```

2.5.7　运算符优先级

运算符优先级指定了两个表达式绑定得有多"紧密"。例如,表达式 $1+5*3$ 的结果是 16 而不是 18,是因为乘号" $*$ "的优先级比加号" $+$ "高。必要时可以用括号来强制改变优先级。例如,$(1+5)*3$ 的值为 18。

表 2.11 按照优先级从高到低列出了运算符。同一行中的运算符具有相同优先级,此时它们的结合方向决定求值顺序。

表 2.11　运算符结合方向

结合方向	运 算 符	附加信息
无	clone new	clone 和 new
左	[	array()
右	+、+、-、~、(int)、(float)、(string)、(array)、(object)、(bool)、@	类型和递增/递减
无	instanceof	类型
右	!	逻辑运算符
左	*、/、%	算术运算符
左	+、-、.	算术运算符和字符串运算符
左	<<、>>	位运算符
无	==、!=、===、!==、<、>	比较运算符
左	&	位运算符和引用
左	^	位运算符
左	|	位运算符
左	&&	逻辑运算符
左	||	逻辑运算符
左	? :	三元运算符
右	=、+=、-=、*=、/=、.=、%=、&=、|=、^=、<<=、>>=、=>	赋值运算符
左	and	逻辑运算符
左	xor	逻辑运算符
左	or	逻辑运算符
左	,	多处用到

对具有相同优先级的运算符,左结合方向意味着将从左向右求值,右结合方向则反之。对于无结合方向具有相同优先级的运算符,该运算符有可能无法与其自身结合。举例说,在 PHP 中 $1<2>1$ 是一个非法语句,而 $1<=1==1$ 则是合法语句。

如果运算符优先级相同,其结合方向决定着应该从右向左求值,还是从左向右求值——见例 2.37。

【例 2.37】　结合方向示例。

```
<?php
    $a = 3 * 3 % 5;
    var_dump($a);        //int(4)等价于(3 * 3) % 5
```

```
    $a = true ? 0 : true ? 1 : 2;
    var_dump($a);    //int(2)等价于 (true ? 0 : true) ? 1 : 2
    $a = 1;
    $b = 2;
    $a = $b += 3;
    var_dump($a,$b); //int(5) int(5)等价于$a = ($b = $b + 3)
    $a = 1;
    $r = ++$a + $a++;
    var_dump($r,$a); //int(4) int(3)
?>
```

　　一般来说,运算符的优先级规则是:算术运算＞关系运算＞逻辑运算＞赋值运算,掌握这个基本的就可以了,开发中如果涉及非常复杂的表达式,通常需要在表达式中添加括号来增强代码的可读性。

2.6　流程控制

　　任何 PHP 脚本都是由一系列语句构成的。一条语句可以是一个赋值语句、一个函数调用、一个循环、一个条件语句或者甚至是一个空语句。语句通常以分号结束。此外,还可以用花括号将一组语句封装成一个语句组。语句组本身可以当作是一行语句。本章介绍各种流程控制语句类型。

2.6.1　条件控制语句

　　PHP 条件语句可以使代码根据不同的判断执行不同的动作。
　　在 PHP 中,提供了下列条件语句。

1. if…else 语句

if…else 语句是一种双路分支控制语句,在条件成立时执行一块代码,条件不成立时执行另一块代码,当然,else 部分也可以省略。if 语句语法如下。

```
if (条件){
    条件成立时执行的代码;
}else{
    条件不成立时执行的代码;
}
```

if…else 语句的执行流程如图 2.8 所示。

【例 2.38】　if 语句示例,输出 x 和 y 中较大的一个。

```
<?php
    $x=10;
    $y=20;
    if ($x>$y){
        echo $x;
    }else{
        echo $y;;
    }
?>
```

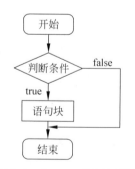

图 2.8　if…else 语句流程图

2. if...else if...else 语句

else if 语句和 else 语句一样,它延伸了 if 语句,else if 语句会根据不同的表达式来确定执行哪个语句块。

在 PHP 中也可以将 else if 这两个关键字合并在一起(如 elseif)来使用。else if 语句的语法格式如下所示。

```
if (判断条件 1) {
     语句块 1;
} else if (判断条件 2) {
     语句块 2;
} else if (判断条件 3) {
     语句块 3;
}
...
else if (判断条件 n) {
     语句块 n;
}
else{
     语句块 n+1;
}
```

在上面的 else if 的语法中,如果第一个"判断条件 1"为 true,则执行"语句块 1;"语句;如果第二个"判断条件 2"为 true,则执行"语句块 2;"语句;以此类推。如果表达式的条件都为 false 时,则执行 else 子句中的"语句块 $n+1$"语句,当然最后的 else 语句也可以省略。

在 else if 语句中同时只能有一个表达式为 true,即在 else if 语句中只能有一个语句块被执行。如果有多个表达式的值为 true 时,只会执行第一个表达式所对应的语句块。

if...else if...else 语句的执行流程如图 2.9 所示。

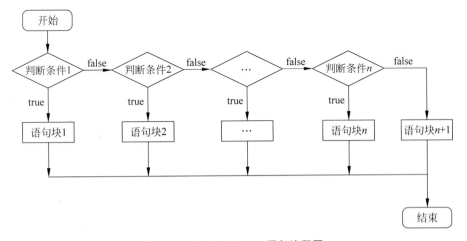

图 2.9   if...else if...else 语句流程图

【例 2.39】 if 语句示例,根据成绩判定优、良、中、差级别。

```
<?php
    $score = 89;
```

```
    if ($score > 90) {
        echo '成绩的级别为：优！';
    } else if ($score > 70) {
        echo '成绩的级别为：良！';
    } else if ($score > 60) {
        echo '成绩的级别为：中！';
    } else {
        echo '成绩的级别为：差！';
    }
?>
```

3. switch 语句

if 语句可以说是双路分支的语句，而 switch 语句则是多路分支的语句。

switch 语句类似于具有同一个表达式的一系列 if 语句。很多场合下需要把同一个变量（或表达式）与很多不同的值比较，并根据它等于哪个值来执行不同的代码。这正是 switch 语句的用途。switch 语句的语法如下。

```
switch (表达式){
    case label1:
        如果 n=label1,将执行此处代码；
        break;
    case label2:
        如果 n=label2,将执行此处代码；
        break;
    default:
        如果 n 既不等于 label1 也不等于 label2,将执行此处代码；
}
```

case 表达式可以是任何求值为简单类型的表达式，如整型、浮点数或字符串。不能用数组或对象，除非它们被解除引用成为简单类型。

switch 语句的执行流程如图 2.10 所示。

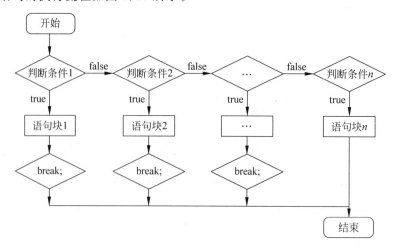

图 2.10　switch 语句流程图

switch 语句原理：首先对一个简单的表达式 n（通常是变量）进行一次计算。将表达式的值与结构中每个 case 的值进行比较。如果存在匹配，则执行与 case 关联的代码。代码执行后，使用 break 来阻止代码跳入下一个 case 中继续执行。default 语句用于不存在匹配（即没有 case 为真）时执行。

【例 2.40】 switch 与 if 比较示例。

```php
<?php
if ($i == 0) {
    echo "i equals 0";
} elseif ($i == 1) {
    echo "i equals 1";
} elseif ($i == 2) {
    echo "i equals 2";
}
switch ($i) {
    case 0:
        echo "i equals 0"; break;
    case 1:
        echo "i equals 1"; break;
    case 2:
        echo "i equals 2"; break;
}
?>
```

例 2.40 使用两种不同方法实现同样的功能，一个用一系列的 if 和 elseif 语句，另一个用 switch 语句。可以看出，使用 switch 语句的代码不仅结构清晰，而且效率也比 if 语句高，这一点跟底层算法有关。

switch 结构还支持使用字符串。

【例 2.41】 switch 字符串示例。

```php
<?php
    switch ($i) {
      case "apple":
        echo "i is apple"; break;
      case "bar":
        echo "i is bar"; break;
      case "cake":
        echo "i is cake"; break;
    }
?>
```

switch 语句是一行接一行地执行（实际上是语句接语句）。开始时没有代码被执行，仅当一个 case 语句中的值和 switch 表达式的值匹配时 PHP 才开始执行语句，直到 switch 的程序段结束或者遇到第一个 break 语句为止。因此，如果不在 case 的语句段最后写上 break 的话，PHP 将继续执行下一个 case 中的语句段。

例如，下面代码段将输出 012。

```php
$i=0;
switch ($i) {
```

```
        case 0:
            echo " 0";
        case 1:
            echo " 1";
        case 2:
            echo " 2";
    }
```

这里 $i 等于 0,PHP 将执行所有的 echo 语句。如果 $i 等于 1,PHP 将执行后面两条 echo 语句。只有当 $i 等于 2 时,才会得到"预期"的结果——只显示 2。所以,除非某些特殊情况,在使用 switch 的时候一定记得写 break,否则所有的代码都会被执行,就不存在判断的意义了。

2.6.2 循环控制语句

在代码中使用循环语句可以控制相同的代码块重复运行。在 PHP 中,提供了下列循环语句。

(1) while:只要指定的条件成立,则循环执行代码块。

(2) do...while:首先执行一次代码块,然后在指定的条件成立时重复这个循环。

(3) for:循环执行代码块指定的次数。

(4) foreach:根据数组中每个元素来循环代码块。

1. while 循环

while 循环将重复执行代码块,直到指定的条件不成立。其语法格式如下:

```
while (表达式){
    语句块;
}
```

当表达式的值为真时,将执行循环体内的 PHP 语句块,执行结束后,再返回到表达式继续进行判断,直到表达式的值为假时才跳出循环。while 循环中"表达式"的计算结果一定要是布尔型的 true 或 false,如果是其他类型的值也会自动转换为布尔类型的值。通常这个表达式是使用比较运算符或者逻辑运算符计算后的值。"语句块;"是一条语句或一个复合语句(代码块)。当 while 循环语句中只有一条语句时可以将包裹代码块的大括号{ }省略。如果是多条语句的代码块,则一定要使用大括号{ }包裹起来。

while 循环的执行过程如图 2.11 所示。

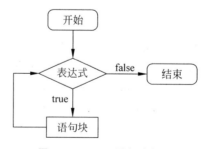

图 2.11 while 语句流程图

【例 2.42】 while 示例,输出 10 以内的偶数。

```php
<?php
    $num=1;
    $str="10 以内的偶数为";
    while($num<=10){
        if($num%2==0){
            $str.=$num." ";
        }
        $num++;
    }
    echo $str;
?>
```

运行结果为

10 以内的偶数为 2 4 6 8 10

2. do…while 语句

do…while 语句会至少执行一次代码,然后检查条件,只要条件成立,就会重复进行循环。其语法格式如下。

```
do{
    语句块;
}while (表达式);
```

其中 while 语句中"表达式"的计算结果也一定要是布尔型的 true 或 false。"语句块;"也可以是一条语句或一个复合语句(代码块)。当 do…while 语句块中只有一条语句时,也可以省略大括号{ }。

注意:使用 do…while 时最后一定要有一个分号,分号也是 do…while 循环语法的一部分。

do…while 循环语句的执行流程是:先执行一次循环体中的语句块,然后判断表达式的值,当表达式的值为 true 时,返回重新执行循环体中的语句块,如此反复,直到表达式的值等于 false 为止,此时循环结束。其特点是先执行循环体,然后判断循环条件是否成立。

do…while 循环语句的执行流程如图 2.12 所示。

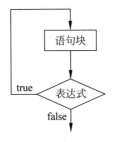

图 2.12 do…while 语句流程图

【例 2.43】 do…while 示例,使用 do…while 结构改写例 2.42,仍然实现输出 10 以内的偶数。

```php
<?php
    $num=1;
    $str="10 以内的偶数为";
    do{
        if($num%2==0){
            $str.=$num." ";
        }
        $num++;
    }while ($num<=10);
    echo $str;
?>
```

运行结果为

10 以内的偶数为 2 4 6 8 10

3. for 循环

for 循环一般用于预先知道脚本需要运行的次数的情况。for 循环是 PHP 中最复杂的循环结构,for 循环能够按照已知的循环次数进行循环操作,适用于明确知道执行次数的情况。for 循环的格式和前面介绍的 while 和 do...while 两种循环语句不一样,for 循环将控制循环次数的变量预先定义在 for 语句中。虽然 for 循环是 PHP 中最复杂的循环结构,但使用起来非常方便。其语法格式如下。

```php
for (初始化表达式; 条件判断; 变量更新)
{
    循环体;
}
```

各项参数说明如下。

- 初始化表达式:通常用于声明一个计数器的初始值,即循环开始的值。
- 条件判断:用于控制是否执行循环体中的代码,如果条件为 false,则立即退出循环。
- 变量更新:每执行一次循环,马上修改计数器的值。
- 循环体:条件判断为真时,需要执行的若干代码。

for 循环的执行流程如图 2.13 所示。

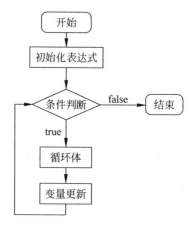

图 2.13　for 循环流程图

【例 2.44】 for 语句示例,使用 for 循环输出 10 以内的偶数。

```php
<?php
    $str="10 以内的偶数为";
    for ($num=1; $num<=10; $num++) {
        if($num%2==0){
            $str.=$num." ";
        }
    }
    echo $str;
?>
```

运行结果为

10 以内的偶数为 2 4 6 8 10

4. foreach 循环

foreach 语法结构提供了遍历数组的简单方式。foreach 仅能够应用于数组和对象,如果尝试应用于其他数据类型的变量,或者未初始化的变量将发出错误信息。

foreach 有以下两种语法格式。

```php
//格式 1
foreach (array_expression as $value){
    statement;
}
//格式 2
foreach (array_expression as $key => $value){
    statement;
}
```

第一种格式遍历 array_expression 数组时,每次循环将数组的值赋给 $value;第二种遍历不仅将数组值赋给 $value,还将键名赋给 $key。

每进行一次循环,当前数组元素的值就会被赋值给 $value 变量(数组指针会逐一地移动),在进行下一次循环时,会得到数组中的下一个值。

【例 2.45】 foreach 语句示例,循环输出给定数组的值。

```php
<?php
    $array = ["tom","jack","lisa"];
    foreach ($array as $val){
        echo "值是: " . $val ;
        echo "<br/>";
    }
    foreach ($array as $key => $value) {
        echo "键名是: " . $key . "值是: " . $value;
        echo "<br/>";
    }
?>
```

运行结果为

值是：tom

```
值是：jack
值是：lisa
键名是：0 值是：tom
键名是：1 值是：jack
键名是：2 值是：lisa
```

2.6.3 循环嵌套

循环的嵌套指的是在 whilet 循环或者 for 循环结构中,循环体里的代码包含另外一个循环结构,这里以 for 循环为例,讲一下多层 for 循环之间的嵌套使用。虽说是多层,事实上 for 循环嵌套的层数也不能太多。通常为两个 for 循环的嵌套,超过两个嵌套则极少使用。for 循环的双层嵌套分为两种类型:内外嵌套独立、内外嵌套相关。

【例 2.46】 内外嵌套独立示例。

```php
<?php
    for($i=0;$i<4;$i++) {
        for($j=0;$j<4;$j++) {
            echo "*";
        }
        echo "<br/>"; //内部循环执行完一次后换行
    }
?>
```

运行结果为

```
****
****
****
****
```

例 2.46 中,内层 for 循环与外部无关,都是循环 4 次,相当于外部将内部的循环重复了 4 次,其结果会得到一个矩形。

【例 2.47】 内外嵌套相关示例。

```php
<?php
    for($i=0;$i<4;$i++) {
        for($j=0;$j<$i+1;$j++) {
            echo "*";
        }
        echo "<br/>";
    }
?>
```

运行结果为

```
*
**
***
****
```

例 2.47 中,内部循环依赖于外部循环。外部循环控制结果出现的行数,内部循环控制每行出现字符的个数。外部循环很容易理解,需要 4 行,所以循环 4 次。而内部循环如下。

第一行($i＝0)出现一次字符,内部循环一次($j＝0;$j<1;$j＋＋);

第二行($i＝1)出现二次字符,内部循环二次($j＝0;$j<2;$j＋＋);

第三行($i＝2)出现三次字符,内部循环三次($j＝0;$j<3;$j＋＋);

第四行($i＝3)出现四次字符,内部循环四次($j＝0;$j<4;$j＋＋)。

所以内部循环条件为($j＝0;$j< $i＋1;$j＋＋),结果出现一个直三角形(外部循环变量大于内部循环变量为正三角形;外部循环变量小于内部循环变量为倒三角形)。

2.6.4　break 语句、continue 语句、return 语句、exit()函数和 die()函数的用法

1. break 语句

break 语句用来结束当前 for、foreach、while、do…while 或者 switch 结构的执行。break 可以接受一个可选的数字参数来决定跳出几重循环。例如,break 和 break(1)都表示跳出 break 语句所在的循环,break(2)则表示跳出 break 所在的外层循环。

【例 2.48】　循环绘制表格,以下输出是一个 5×5 表格。

```php
<?php
    echo "<table border=1 width=200>";
    for($i=0;$i<5;$i++){
        echo "<tr>";
        for($j=0;$j<5;$j++){
            echo "<td>".$i.$j."</td>";
        }
        echo "</tr>";
    }
    echo "</table>";
?>
```

以上代码外循环执行 5 次,控制行数,内循环执行 5 次,控制列数,最终绘制 5 行 5 列的表格。运行结果如图 2.14 所示。

00	01	02	03	04
10	11	12	13	14
20	21	22	23	24
30	31	32	33	34
40	41	42	43	44

图 2.14　循环绘制的表格

我们改写一下程序,加上 break 语句。

【例 2.49】　break 控制内循环。

```php
<?php
    echo "<table border=1 width=200>";
    for($i=0;$i<5;$i++){
        echo "<tr>";
        for($j=0;$j<5;$j++){
            if($j==3){
                break;    //break(1);
            }
            echo "<td>".$i.$j."</td>";
```

```
        }
        echo "</tr>";
    }
    echo "</table>";
?>
```

在内循环中加入 break 语句,在 j=3 时结束内循环,所以内循环每次只运行 3 次,运行结果变成了 5×3 的表格。这里如果换成 break(1),语句也是一样的作用,break(1)的作用等同于 break,也是在 j=3 时结束内循环。

运行结果如图 2.15 所示。

00	01	02
10	11	12
20	21	22
30	31	32
40	41	42

图 2.15 break 控制内循环

如果在例 2.49 中,将 break 换成 break(2),则程序在 j=3 时结束外循环,所以内循环运行 3 次时,外循环就结束了,运行结果变成了 1×3 的表格。

【例 2.50】 break(2)示例。

```
<?php
    echo "<table border=1 width=200>";
    for($i=0;$i<5;$i++){
        echo "<tr>";
        for($j=0;$j<5;$j++){
            if($j==3){
                break(2);
            }
            echo "<td>".$i.$j."</td>";
        }
        echo "</tr>";
    }
    echo "</table>";
?>
```

运行结果如图 2.16 所示。

00	01	02

图 2.16 break(2)控制内循环

2. continue 语句

continue 语句在循环结构中用来跳过本次循环中剩余的代码,也就是说,continue 语句是结束当前这一次循环,进入下一次循环。和 break 语句一样,continue 语句可以接收一个可选的数字参数来决定跳过几重循环到循环结尾。默认值是 1,即跳到当前循环末尾。

【例 2.51】 continue 示例。

```
<?php
```

```php
echo "<table border=1 width=200>";
for($i=0;$i<5;$i++){
    echo "<tr>";
    for($j=0;$j<5;$j++){
        if($j==3){
            continue;        //等同于 continue(1)
        }
        echo "<td>".$i.$j."</td>";
    }
    echo "</tr>";
}
echo "</table>";
?>
```

上面代码在 j＝3 时执行 continue 语句,则程序会结束内循环当次的运行,跳过输出第 3 列,变成 5×4 的表格,运行结果如图 2.17 所示。

00	01	02	04
10	11	12	14
20	21	22	24
30	31	32	34
40	41	42	44

图 2.17 continue 示例

【例 2.52】 continue(2)示例。

```php
<?php
echo "<table border=1 width=200>";
for($i=0;$i<5;$i++){
    echo "<tr>";
    for($j=0;$j<5;$j++){
        if($j==3){
            continue(2);   //结束外循环
        }
        echo "<td>".$i.$j."</td>";
    }
    echo "</tr>";
}
echo "</table>";
?>
```

上面代码在 j＝3 时执行 continue(2)语句,则程序会结束外循环当次的运行,跳过输出第 3 列以后的代码,变成 5×3 的表格,运行结果如图 2.18 所示。

00	01	02
10	11	12
20	21	22
30	31	32
40	41	42

图 2.18 continue(2)示例

3. return 语句

return 会终止脚本文件的执行,如果在一个函数中调用 return 语句,将立即结束此函数的执行并将它的参数作为函数的值返回。例如下面的代码,最后的输出语句将不被执行。

```
$y = 0;
if ($y==0) {
    return;                   //程序在这里被终止
}
echo 'over';                  //这一行的指令不会被执行
```

4. exit()函数和 die()函数

exit()是一个函数,可以输出一个消息并且退出当前脚本。括号内是参数,参数既可以是字符串,也可以是整数。字符串会被原样输出,整数会作为退出状态码且不会被打印输出。退出状态码的范围为 0~254,不应使用被 PHP 保留的退出状态码 255。状态码 0 用于成功中止程序。

die()用法和 exit()一样,不再赘述。

【例 2.53】 exit()示例,当除数为 0 时结束程序并输出提示信息。

```
<?php
    $x = 10;
    $y = 0;
    if ($y==0) {
        exit("除数为 0 了");    //结束程序并输出一个消息
    }
    echo $x/$y;                //此行代码不会被执行
?>
```

运行结果为

除数为 0 了

2.7　文件包含语句

文件包含是指将一个源文件的全部内容包含到当前源文件中进行使用,通常也称为引入外部文件。引入外部文件可以减少代码的重用性,是 PHP 编程的重要技巧。PHP 中提供了 4 个非常简单却很有用的包含语句,分别是 include 语句、require 语句、include_once 语句和 require_once 语句。这 4 种语句在使用上有一定的区别。

2.7.1　include 语句

使用 include 语句包含外部文件时,只有代码执行到 include 语句时才会将外部文件包含进来,当所包含的外部文件发生错误时,系统会给出一个警告,而整个 PHP 程序会继续向下执行。

include 语句的语法格式如下：

```
include('filename')
```

或者

```
include 'filename'
```

其中 filename 为需要包含的文件路径（相对路径或绝对路径），filename 为一个字符串，所以需要使用单引号' '或双引号" "包裹起来。同时 include 后面的括号也可以省略，省略括号时 include 需要使用空格与后面的 filename 分隔开。

【例 2.54】 新建一个 PHP 文件，取名为 demo.php，并在其中简单的定义一个 $str 变量。

```php
<?php
    $str = 'http://c.biancheng.net/php/';
?>
```

在 test.php 中使用 include 语句来包含 demo.php 文件，代码为

```php
<?php
    include './demo.php';
    echo $str;
?>
```

运行结果为

```
http://c.biancheng.net/php/
```

2.7.2 require 语句

require 语句的使用方法与 include 语句类似，都是实现对外部文件的引用。在 PHP 文件执行之前，PHP 解析器会用被引用文件的全部内容来替换 require 语句，然后与 require 语句之外的其他语句组成新的 PHP 文件，最后再按新 PHP 文件执行程序代码。

注意，因为 require 语句相当于将另一个源文件的内容完全复制到本文件中，所以一般将其放在源文件的起始位置，用于引用需要使用的公共函数文件和公共类文件等。

require 语句和 include 语句的不同之处是，当被包含文件不存在或存在错误时，require 语句会发出一个 fatal error 错误提示并终止程序执行，而 include 语句则会发出一个 warining 警告但程序会接着向下执行。

require 语句的语法格式为

```
require(filename)
```

或者

```
require 'filename'
```

参数 filename 为待包含的文件路径，其特点与 include 语句中的参数一样。

【例 2.55】 使用 require 语句来包含上面定义的 demo.php 文件，代码为

```php
<?php
    require './demo.php';
```

```
    echo $str;
?>
```

运行结果为

```
http://c.biancheng.net/php/
```

2.7.3　include_once 语句

include_once 语句和 include 语句类似,唯一的区别就是如果包含的文件已经被包含过,就不会再次包含。include_once 可以确保在脚本执行期间同一个文件只被包含一次,避免函数重定义、变量重新赋值等问题。

【例 2.56】　调整例 2.55 定义的 demo.php 文件。

```
<?php
    echo 'C 语言中文网<br/>';
    echo 'http://c.biancheng.net/php/';
?>
```

使用 include_once 语句来包含 demo.php 文件,代码为

```
<?php
    include_once './demo.php';
    include_once './demo.php';
    include_once './demo.php';
?>
```

运行结果为

```
C 语言中文网
http://c.biancheng.net/php/
```

2.7.4　require_once 语句

require_once 语句是 require 语句的延伸,它的功能与 require 语句基本类似。不同的是,在应用 require_once 语句时需要先检查要包含的文件是不是已经在该程序中的其他地方被包含过,如果有,则不会再次重复包含该文件。

使用 require_once 语句来包含 demo.php 文件,代码为

```
<?php
        require_once './demo.php';
        require_once './demo.php';
        require_once './demo.php';
?>
```

运行结果为

```
C 语言中文网
http://c.biancheng.net/php/
```

实训：利用循环语句打印九九乘法表

要求：打印出九九乘法表的两种形式，效果如图 2.19 和图 2.20 所示。

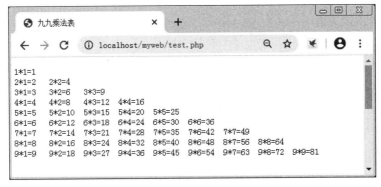

图 2.19　倒三角乘法表

图 2.20　正三角乘法表

参考代码：

```
<style type="text/css">
    td{padding: 2px;border:1px solid #000;}
</style>
<?php
    echo "<table >";
    for ($i=1; $i <=9 ; $i++) {
        echo "<tr>";
        for ($j=$i; $j <=9 ; $j++) {
            echo "<td>$i * $j=".($i * $j)."</td>";
        }
        echo "</tr>";
    }
    echo "</table>";
?>

<style type="text/css">
    td{padding: 2px;border:1px solid #000;}
```

```php
</style>
<?php
    echo "<table >";
    for ($i=1; $i <=9 ; $i++) {
        echo "<tr>";
        for ($j=1; $j <=$i ; $j++) {
            echo "<td>$i * $j=".($i * $j)."</td>";
        }
        echo "</tr>";
    }
    echo "</table>";
?>
```

第 3 章

数 组

数组是一个能在单个变量中存储多个值的特殊变量,PHP 中的数组实际上是一个有序映射,是一种把数据(value)关联到键(key)的类型。其中,键可以是一个整型 int 或字符串 string,值可以是任意类型的值。

PHP 的数组类型在很多方面做了优化,既可以把它当成真正的数组,也可以看作是列表(向量)、散列表(是映射的一种实现)、字典、集合、栈、队列等数据类型。同时数组元素的值也可以是另一个数组,这样就可以构成多维数组。

3.1 数组的定义

PHP 中定义数组,可以用 array()语言结构来新建一个数组,自 PHP 5.4 起可以使用短数组定义语法,用[]替代 array(),推荐使用[]来定义数组。PHP 中用数字作为键名的数组一般称为索引数组;用字符串表示键的数组称为关联数组。

3.1.1 定义索引数组

索引数组是指定义数组时不指定数据的键,由系统自动分配一个唯一整数索引号作为键,索引默认从 0 开始。

语法格式为

变量 = array(value1,value2,…,valuen);

或者

变量 = [value1,value2,…,valuen];

【例 3.1】 定义索引数组示例,这里用到的 print_r()函数可以打印输出整个数组内容及结构,按照一定格式显示键和元素。

```php
<?php
    $a = array('华为','三星','vivo','oppo');
    $b = ['华为','三星','vivo','oppo'];
    print_r($a);
    print_r($b);
?>
```

两种形式的运行结果是一致的,索引数组中的键是从数字 0 开始,依次递增,不需要特别指定,如图 3.1 所示。

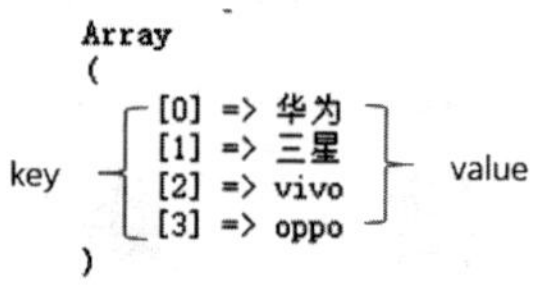

图 3.1　索引数组

3.1.2　定义关联数组

关联数组是指定义数组时指定数据的键,键一般都是自定义的字符串 string。
语法格式为

```
变量=array(key =>value,
    ...
    key=>value,
    )
```

或:

```
变量=[key =>value,
    ...
    key=>value,
    ]
```

【例 3.2】　定义关联数组示例。

```php
<?php
    $age1=array(
        "Peter"=>"35",
        "Ben"=>"37",
        "Joe"=>"43",
    );
    $age2=[
        "Peter"=>"35",
        "Ben"=>"37",
        "Joe"=>"43",
    ];
    echo "<pre>";
    var_dump($age1,$age2)
?>
```

两种形式的运行结果是一致的,关联数组中的键不是数字,而是字符串,如图 3.2 所示。

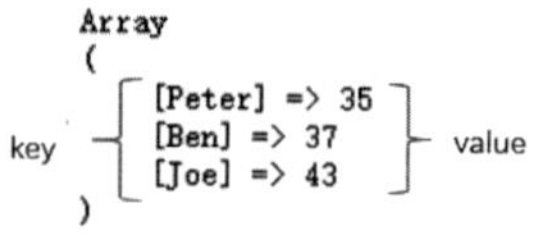

图 3.2　关联数组

3.1.3　直接动态定义数组

直接使用[]动态定义数组,其语法格式为

```
$arr[] = $value
```

或

```
$arr[$key] = $value
```

语法说明如下。

"$arr[] = 10;"表示如果数组 $arr 不存在,则创建一个数组,并将当前元素的下标置 0。

"$arr[] = 20;"表示如果数组 $arr 已存在,则增加一个数组元素,下标为最大下标加 1。

$key 代表元素的下标,可以是字符,也可以是整数。

$value 代表元素的值,可以是任何类型。

3.2　数组的操作

3.2.1　访问数组元素

1. 索引数组

对于索引数组,可以使用数组元素的索引号访问到数组中的元素,其语法格式为

```
数组名[index]
```

【例 3.3】　通过索引号访问索引数组元素变量,这里用到的 unset()函数用来销毁指定的变量。

```php
<?php
    $cars=["Volvo","BMW","Toyota"];
    print_r($cars);
    echo "<br/>";
    $cars[3] = "Mazda"; //添加一个数组元素(注意:下标为 3 的数组元素不存在,因此新增该元素)
    print_r($cars);
    echo "<br/>";
    unset($cars[0]);    //删除一个数组元素,注意剩余数组元素位置没有发生变化
    print_r($cars);
    echo "<br/>";
    $cars[1]="Cadillac"; //修改一个数组元素
    print_r($cars);
    echo "<br/>";
?>
```

运行结果为

```
Array ( [0] => Volvo [1] => BMW [2] => Toyota )
Array ( [0] => Volvo [1] => BMW [2] => Toyota [3] => Mazda )
Array ( [1] => BMW [2] => Toyota [3] => Mazda )
Array ( [1] => Cadillac [2] => Toyota [3] => Mazda )
```

2. 关联数组

对于关联数组,通过数组元素的键名可以方便地访问到数组中的元素。其语法格式为

数组名[key]

【例3.4】 通过键名访问关联数组元素变量。

```php
<?php
    $age=[
        "Peter"=>"35",
        "Ben"=>"37",
    ];
    print_r($age);
    echo "<br/>";
    $age["Tom"] = "22"; //添加一个数组元素(注意:key为Tom的数组元素不存在,因此新增该
                        元素)
    print_r($age);
    echo "<br/>";
    unset($age["Ben"]);//删除一个数组元素
    print_r($age);
    echo "<br/>";
    $age["Tom"]=30;        //修改一个数组元素
    print_r($age);
    echo "<br/>";
?>
```

运行结果为

```
Array ([Peter] => 35 [Ben] => 37 )
Array ([Peter] => 35 [Ben] => 37 [Tom] => 22 )
Array ([Peter] => 35 [Tom] => 22 )
Array ([Peter] => 35 [Tom] => 30 )
```

3.2.2 foreach遍历数组

对数组的遍历可以使用for循环或使用foreach语句,对于索引数组,因为有下标值,配合count()函数可以计算出数组的长度,所以可以方便地使用for循环遍历整个数组;但是对于关联数组,只能使用foreach语句,获取key和value的值。

foreach语句提供了遍历数组的简单方式,foreach仅能够应用于数组和对象,如果尝试应用于其他数据类型的变量或者未初始化的变量,将发出错误信息。foreach有两种语法格式如下。

```
foreach (array_expression as $value)
    statement
```

说明:遍历给定的array_expression数组。每次循环中,当前数组元素的值被赋给$value并且数组内部的指针向前移一步(因此下一次循环中将会得到下一个数组元素)。

```
foreach (array_expression as $key => $value)
    statement
```

说明:遍历给定的array_expression数组。每次循环中,当前数组元素的值被赋给$value,同时当前数组元素的键名被赋给变量 $key。

运行原理如图3.3所示。

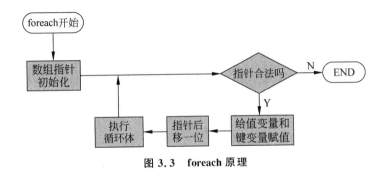

图 3.3 foreach 原理

【例 3.5】 对索引数组和关联数组分别遍历。

```php
<?php
    $cars=["Volvo","BMW","Toyota"];
    $arrlength=count($cars); //获取数组的元素的个数,也就是数组长度
    for($x=0;$x<$arrlength;$x++){
        echo $cars[$x]." ";
    }
    echo "<br/>";
    foreach($cars as $c){
        echo $c." ";
    }
    echo "<br/>";
    $age=["Peter"=>"35","Ben"=>"37","Joe"=>"43"];
    foreach($age as $x_key=>$x_value){
        echo "Key=" . $x_key . ", Value=" . $x_value;
        echo "<br>";
    }
?>
```

运行结果为

```
Volvo BMW Toyota
Volvo BMW Toyota
Key=Peter, Value=35
Key=Ben, Value=37
Key=Joe, Value=43
```

3.3 多 维 数 组

PHP 支持二维数组和多维数组,它们在实际编程中也经常用到。

3.3.1 二维数组

二维数组是指特殊的一维数组,这个一维数组的元素是一个一维数组,即将两个一维数组组合起来就可以构成一个二维数组,使用二维数组可以保存较为复杂的数据,在一些场合经常用到。

1. 索引二维数组

【例3.6】 索引二维数组示例。

```php
<?php
    $cars = [
        ["Volvo",22,18],
        ["BMW",15,13],
        ["Land Rover",17,15]
    ];
    echo $cars[0][0].": 库存: ".$cars[0][1].", 销量: ".$cars[0][2]."<br/>";
    echo $cars[1][0].": 库存: ".$cars[1][1].", 销量: ".$cars[1][2]."<br/>";
    echo $cars[2][0].": 库存: ".$cars[2][1].", 销量: ".$cars[2][2]."<br/>";
    //在 for 循环中使用另一个 for 循环,来获得 $cars 组中的元素(仍需使用两个索引)
    for ($row = 0; $row < count($cars); $row++) {
        $len = count($cars[$row]);
        echo "第 $row 行<br/>";
        for ($col = 0; $col < $len; $col++) {
            echo $cars[$row][$col]." ";
        }
        echo "<br/>";
    }
?>
```

例3.6中二维数组包含了四个数组,并且它有两个索引(下标):行和列。如需访问 $cars 数组中的元素,必须使用两个索引(行和列)。运行结果为

```
Volvo: 库存: 22, 销量: 18.
BMW: 库存: 15, 销量: 13.
Land Rover: 库存: 17, 销量: 15.
第 0 行
Volvo 22 18
第 1 行
BMW 15 13
第 2 行
Land Rover 17 15
```

2.关联二维数组

【例3.7】 关联二维数组示例。

```php
<?php
    $person = [
        'Lily' => ['age'=>'20','hobby'=>'sleep'],
        'Tom' => ['age'=>'12','hobby'=>'eat']
    ];
    echo "<pre>";
    print_r($person);
    //遍历二维数组
    foreach ($person as $name => $msg) {
        echo "$name:";
        foreach ($msg as $key => $value) {
```

```
            echo "$key=>$value ";
        }
        echo "<br/>";
    }
?>
```

例 3.7 中，Lily、Tom 对应的值分别是个一维数组，这 2 个一维数组组成了一个二维数组。运行结果为

```
Array(
    [Lily] => Array(
            [age] => 20
            [hobby] => sleep
    )
    [Tom] => Array(
            [age] => 12
            [hobby] => eat
    )
)
Lily:age=>20 hobby=>sleep
Tom:age=>12 hobby=>eat
```

3.3.2　多维数组

参考二维数组，可以很容易地创建三维数组、四维数组或者其他更高维数的数组，PHP 中对多维数组没有上限的固定限制，但是随着维数的增加，数组会越来越复杂，对于阅读调试和维护都会稍微困难些。

【例 3.8】　定义三维数组示例。

```
<?php
    $arr = [
        '安徽' => [
                '阜阳'=>['阜南县','临泉县'],
                '合肥'=>['蜀山区','长丰县']
        ],
        '河南' => [
                '洛阳'=>['西工区','老城区'],
                '郑州市'=>['中原区','金水区']
        ]
    ];
    echo "<pre>";
    //var_dump($arr);
    print_r($arr);
    echo $arr['安徽']['合肥'][1];      //长丰县
?>
```

例 3.8 定义一个三维数组，其中"安徽"对应的是一个二维数组，"阜阳""合肥"分别对应一个一维数组，"河南"也对应一个二维数组。"安徽"和"河南"分别对应一个二维数组，它俩组合起来形成一个三维数组。

运行结果为

```
Array(
    [安徽] => Array(
            [阜阳] => Array(
                    [0] => 阜南县
                    [1] => 临泉县
                )
            [合肥] => Array(
                    [0] => 蜀山区
                    [1] => 长丰县
                )
        )
    [河南] => Array(
            [洛阳] => Array(
                    [0] => 西工区
                    [1] => 老城区
                )
            [郑州市] => Array(
                    [0] => 中原区
                    [1] => 金水区
                )
        )
)
长丰县
```

【例 3.9】 遍历三维数组示例。

```php
<?php
    $arr =[
            '安徽省' => [
                '阜阳市'=>['阜南县','临泉县'],
                '合肥市'=>['蜀山区','长丰县']
            ],
            '河南省' => [
                '洛阳市'=>['西工区','老城区'],
                '郑州市'=>['中原区','金水区']
            ]
        ];
    //遍历这个三维数组
    foreach ($arr as $princsname=>$princs) {
    //从三维数组中取出的每个 key 对应的 value 都是一个二维数组
        echo $princsname."<br/>";
        foreach ($princs as $cityname=>$citys) {
        //从二维数组中取出的每个 key 对应的 value 都是一个一维数组
            echo "  --".$cityname."<br/>";
            foreach ($citys as $city) {
                echo "  ----".$city."<br/>";
            }
        }
    }
?>
```

运行结果为

安徽省
　　--阜阳市
　　----阜南县
　　----临泉县
　　--合肥市
　　----蜀山区
　　----长丰县
河南省
　　--洛阳市
　　----西工区
　　----老城区
　　--郑州市
　　----中原区
　　----金水区

实训：输出杨辉三角前5行

要求：输出如下形式的杨辉三角形。

```
1
1 1
1 2 1
1 3 3 1
1 4 6 4 1
```

参考代码如下。

```php
<?php
    for ($i=0; $i <5 ; $i++) {
        $arr[$i][0] = 1;
        $arr[$i][$i] = 1;
    }
    print_r($arr);
    for ($i=2; $i < 5; $i++) {
        for ($j=1; $j <$i ; $j++) {
            $arr[$i][$j] = $arr[$i-1][$j-1]+$arr[$i-1][$j];
        }
    }
    print_r($arr);
    for ($i=0; $i < 5; $i++) {
        for ($j=0; $j < $i; $j++) {
            echo $arr[$i][$j]." ";
        }
        echo "<br/>";
    }
?>
```

第 4 章

Web 前端和后台数据交互

在动态网页开发中,后台程序需要接收客户端的数据进行业务处理,再把处理的结果返回到客户端,例如用户的注册、登录,条件查询等操作。用户在客户端输入的数据是如何发送到服务器端的呢? 这里,介绍两种常见的前端和后台数据通信的方式:表单和 Ajax 技术。

4.1 表单与服务器的交互

表单是网页设计中前端学习的很重要的一部分,表单的提交过程也是向后台发送数据的过程。表单提交数据的方式分为 POST 和 GET 两种,其实,POST 和 GET 是 HTTP 请求的两种方式,都可实现将数据从浏览器向服务器发送带参数的请求,本质上并没有区别。

4.1.1 GET 表单提交

在 PHP 中,有个 $_GET 变量,其作用就是获取通过前台以 GET 方式发送的数据。

$_GET 变量是一个数组结构的变量,是 PHP 提供的大量的预定义变量中的一个。在 PHP 中,预定义的 $_GET 变量用于收集来自 method="get"表单中的值,它通过 URL 参数传递给 GET 数组。

【例 4.1】 定义 form. html 文件,使用 get 方式提交数据到服务器端。

```html
<!DOCTYPE html>
<html>
    <head>
        <meta charset="utf-8">
        <title>$_GET 示例</title>
    </head>
    <body>
        <form method="get" action="welcome.php" >
            用户名:<input type="text" name="fname"><!--注意这里的元素变量会作为 GET 数
                组的 key-->
            密码: <input type="password" name="fpass"><!--注意这里的元素变量会作为 GET
                数组的 key-->
            <input type="submit" value="登录">
        </form>
    </body>
</html>
```

这里 action 属性代表的是想要接收表单提交的数据的网页地址,如果 action 属性值为空,则表示数据提交到当前页面,method 属性代表表单数据提交的方式。运行效果如图 4.1 所示。

当用户填写此表单并单击登录按钮后,表单数据会发送到名为 welcome. php 的 PHP 文

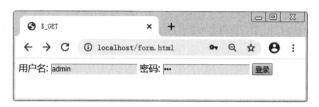

图 4.1 get 方式示例

件供处理。例如，用户填写了用户名为 admin，密码为 123，当用户单击"登录"按钮时，发送到服务器的 URL 为 http://localhost/welcome.php? fname=admin&fpass=123。

注意：表单域的名称会自动成为 $_GET 数组中的键，如上面的 URL，$_GET 数组中会有两个元素，分别是 $_GET['fname'] 和 $_GET['fpass']。因此，welcome.php 文件现在可以通过 $_GET 变量来收集表单数据了。

【例 4.2】 定义 welcome.php，读取 $_GET 的值。

```
<!DOCTYPE html>
<html>
    <head>
        <meta charset="utf-8">
        <title>$_GET示例</title>
    </head>
    <body>
        用户名：<?php echo $_GET["fname"]; ?> <!--通过表单元素的 name 属性作为数组的 key
            -->
        密码：<?php echo $_GET["fpass"]; ?>
            </body>
</html>
```

运行结果为

图 4.2 读取 $_GET

注意：从上面的 URL 可以看出，表单用 method="get" 方法发送的信息，会显示在浏览器的地址栏，对任何人都是可见的，所以在发送密码或其他敏感信息时，不应该使用这个方法，而且 GET 方式提交数据对发送信息的量也有限制，它的值不能超过 2000 字符，因此 HTTP GET 方法不适合大型的变量值。但是，因为变量显示在 URL 中，因此可以在收藏夹中收藏该页面，在某些情况下，GET 方式还是很有用的。

4.1.2 POST 表单提交

与 $_GET 变量类似，在 PHP 中，$_POST 变量的作用就是获取通过前台以 POST 方式发送的数据。

$_POST 变量是一个数组结构的变量，是 PHP 提供的大量预定义变量中的一个，在

PHP中,预定义的$_POST变量用于收集来自method="post"的表单中的值。

【例4.3】 定义form.html文件,使用post方式提交数据到服务器端。

```html
<!DOCTYPE html>
<html>
    <head>
        <meta charset="utf-8">
        <title>$_POST 示例</title>
    </head>
    <body>
        <form method="post" action="welcome.php" >
            用户名: <input type="text" name="fname"><!—注意这里的元素变量会作为
                   POST 数组的 key-->
          密码: <input type="password" name="fpass"><!—注意这里的元素变量会作为
                   POST 数组的 key-->
            <input type="submit" value="登录">
        </form>
    </body>
</html>
```

运行结果如图4.3所示。

图 4.3　POST 示例

当用户填写此表单并单击登录按钮后,表单数据会发送到名为 welcome.php 的 PHP 文件供处理。例如,用户填写了用户名为 admin,密码为 123,当用户单击"登录"按钮时,发送到服务器的 URL 为 http://localhost/welcome.php。

注意:post方式提交的表单,在 URL 中没有(key,value)形式的参数。

welcome.php 文件现在可以通过 $_POST 变量来收集表单数据了(表单域的名称会自动成为 $_POST 数组中的键)。

【例4.4】 定义 welcome.php,读取 $_POST 的值。

```html
<!DOCTYPE html>
<html>
    <head>
        <meta charset="utf-8">
        <title>$_POST 示例</title>
    </head>
    <body>
        用户名: <?php echo $_POST["fname"]; ?> <!—通过表单元素的 name 属性作为数组的
               key-->
        密码: <?php echo $_POST["fpass"]; ?>
    </body>
</html>
```

运行结果如图4.4所示。

图 4.4　读取 $_POST

注意：从上面的 URL 可以看出，表单用 method＝"post"方法发送的信息，对任何人都是不可见的（不会显示在浏览器的地址栏）。虽然 POST 方式在理论上对发送信息的量没有限制，但是在实际应用中，默认情况下，POST 方法发送信息的量最大值为 8MB（可通过设置 php.ini 文件中的 post_max_size 进行更改）。

4.1.3　PHP 获取常用表单元素的值

【例 4.5】　定义 fregist.php，通过注册页面演示 php 接收用表单元素数据。

```php
<?php
    $regist = $_POST["regist"];
    if (isset($regist)) {//如果没有点击注册按钮则不执行下面的代码,isset()函数用于检测
                          变量是否已设置并且非 NULL
    echo "<h1>用户注册信息</h1>";
        $username = $_POST["username"];
        echo "用户名：$username<br/>";
        $password = $_POST["password"];
        echo "密码：$password<br/>";
        $gender = $_POST["gender"];

        echo "性别：".($gender?'男':'女')."<br/>";
        $address = $_POST["address"];
        //var_dump($address);
        echo "籍贯：$address<br/>";
        $hobby = $_POST["hobby"];
        //var_dump($hobby);
        echo "爱好：".(implode(",", $hobby));
        var_dump(in_array('阅读', $hobby));
    }
?>
<!DOCTYPE>
<html>
    <head>
        <meta charset="utf-8">
        <title>数据交互</title>
    </head>
    <body>
        <form name="fregist" method="post" action="">
        <h1>用户注册</h1>
        <table border=1>
            <tr>
            <td>用户名</td>
            <td><input type="text" name="username" value='<?php echo $username; ?>'>
</td>
```

```
            </tr>
            <tr>
                <td>密码</td>
                    <td><input type="password" name="password" value='<?php echo
$password; ?>'></td>
            </tr>
            <tr>
                <td>性别</td>
                <td>
                <input type="radio" name="gender" value="1" <?php if($gender == '1')
echo "checked=checked";?>>男
                <input type="radio" name="gender" value="0" <?php if($gender == '0')
echo "checked=checked";?>>女
                </td>
            </tr>
            <tr>
                <td>籍贯</td>
                <td>
                    <select name="address">
                    <option value="">----</option>
                    <option value="北京" <?php if(strcmp($address,'北京') == 0) echo
"selected=selected";?>>北京</option>
                    <option value="上海" <?php if(strcmp($address,'上海') == 0) echo
"selected=selected";?>>上海</option>
                    <option value="广州" <?php if(strcmp($address,'广州') == 0) echo
"selected=selected";?>>广州</option>
                    <option value="深圳" <?php if(strcmp($address,'深圳') == 0) echo
"selected=selected";?>>深圳</option>
                    </select>
                </td>
            </tr>
            <tr>
                <td>爱好</td>
                <td>
                <input type="checkbox" name="hobby[]" value="阅读" >阅读
                <input type="checkbox" name="hobby[]" value="旅游">旅游
                <input type="checkbox" name="hobby[]" value="音乐">音乐
                <input type="checkbox" name="hobby[]" value="体育">体育
                </td>
            </tr>
            <tr>
                <td colspan="2"><input type="submit" name="regist" value="注册"/>
</td>
            </tr>
        </table>
        </form>
    </body>
</html>
```

运行结果如图 4.5 所示。

用户注册信息

用户名: 张三
密码: 123
性别: 男
籍贯: 上海
爱好: 旅游, 体育

用户注册

用户名	张三
密码	•••
性别	◉ 男 ○ 女
籍贯	上海 ▾
爱好	□ 阅读 □ 旅游 □ 音乐 □ 体育

注册

图 4.5 表单常用元素示例

思考：如何实现页面复选框提交表达后保留用户选项？

参考代码如下：

```
<input type="checkbox" name="hobby[]" value="阅读" <?php if(in_array('阅读',
$hobby)) echo 'checked';?>>阅读
<input type="checkbox" name="hobby[]" value="旅游" <?php if(in_array('旅游',
$hobby)) echo 'checked';?>>旅游
<input type="checkbox" name="hobby[]" value="音乐" <?php if(in_array('音乐',
$hobby)) echo 'checked';?>>音乐
<input type="checkbox" name="hobby[]" value="体育" <?php if(in_array('体育',
$hobby)) echo 'checked';?>>体育
```

4.2 PHP 页面跳转的方法

PHP 中页面的跳转除了使用熟悉的 form 表单形式，还有其他的几种常用方式。

4.2.1 用 HTTP 头信息

用 PHP 的 header() 函数。

PHP 里的 header() 函数的作用是向浏览器发出由 HTTP 协议规定的本来应该通过 Web 服务器的控制指令。例如，声明返回信息的类型（"Context－type：xxx/xxx"），页面的属性（"No cache"，"Expire"）等。

【例 4.6】 用 HTTP 头信息重定向到另外一个页面的方法示例。

```
<?php
    $url = " http://www.baidu.com";
    if (isset($url)) {
        header("location: $url");
        exit;
    }
?>
```

当然，在页面跳转的同时，可以在 URL 中添加参数，使用 GET 方式传递参数。可以跳转到 welcome.php,并传参数 name 和 pass 的值,在 welcome 中,可以使用 $_GET 接收这两个参数。

【例 4.7】 带参数示例。

```php
<?php
    $url = " http://localhost/welcome.php? name= admin&pass=123";
    if (isset($url)) {
        header("location: $url");
        exit;
    }
?>
```

4.2.2　用 HTML 标记

用 HTML 标记,就是用 meta 的 Refresh 标记,语法格式为

< meta http-equiv="Refresh" content="秒数；url=跳转的文件或地址" >

其中,秒数为 0 表示立即跳转,refresh 是刷新的意思,url 是要跳转到的页面。

【例 4.8】 3 秒后页面自动跳转到指定 URL。

```html
<!DOCTYPE html>
<html>
    <head>
        <meta charset="utf-8">
        <meta http-equiv="REFRESH" content="3;url=http://www.baidu.com">
        <title>REFRESH 示例</title>
    </head>
    <body>
        正在加载,请稍等...<br/><span id="second" style="font-size: 22px;">3</span>秒
        后跳转到百度~~~
    </body>
</html>
<script type="text/javascript">
    //倒计时
    setInterval("clock()", 1000);
    function clock() {
        var span = document.getElementById('second');
        var num = span.innerHTML;
        if(num != 1) {
            num--;
            span.innerHTML = num;
        }
    };
</script>
```

4.2.3　用 JavaScript 脚本来实现

1. location.href 属性

window.location 对象用于获得当前页面的地址（URL）,并把浏览器重定向到新的页面。

window.location 对象在编写时可不使用 window 前缀。这种方式在实际开发中较为常用。

例如,下面代码将跳转到百度页面:

```
<script type="text/javascript">
    location.href='http://www.baidu.com';
</script>
```

2. open()方法

open()方法用于打开一个新的浏览器窗口或查找一个已命名的窗口。简单语法如下:

```
window.open(URL,name)
```

其中,URL 用来打开指定页面的 URL。如果没有指定 URL,打开一个新的空白窗口。name 用来指定 target 属性或窗口的名称。支持以下值。

- _blank-URL 加载到一个新的窗口,默认为_blank。
- _parent-URL 加载到父框架。
- _self-URL 替换当前页面。
- _top-URL 替换任何可加载的框架集。

例如,下面代码将在当前页面打开百度页面。

```
<script type="text/javascript">
    window.open("http://www.baidu.com",'_self');
</script>
```

实训 1：简易四则运算器

要求:设计并实现简单的四则运算器,运行效果如图 4.6 所示。

图 4.6 四则运算器

参考代码:calculate.php

```php
<?php
    $cal = $_POST["cal"];
    if (isset($cal)) {                    //如果点击了=号按钮
        $first=$_POST["first"];           //获取 name 为 first 的值
        $opera=$_POST["opera"];           //获取 name 为 s 的值
        $second=$_POST["second"];         //获取 name 为 second 的值
        if($opera=="+"){                  //如果是加法运算
            $result = $first+$second;
        }elseif($opera=="-"){             //如果是减法运算
            $result = $first-$second;
        }elseif($opera=="*"){             //如果是乘法运算
            $result = $first*$second;
```

```
        }elseif($opera=="/"){          //如果是模运算
            if($second==0){
                $result = "除数不能是 0";
            }else{
                $result = $first/$second;
            }
        }
    }
?>
<!DOCTYPE>
<html>
    <head>
        <meta charset="utf-8">
        <title>数据交互</title>
        <style type="text/css">
            input{
                width: 40px;
            }
        </style>
    </head>
    <body>
        <form name="fregist" method="post" action="">
        <h1>四则运算器</h1>
            <input type="text" name="first" value="<?php echo $first;?>"/>
            <select name="opera">
                <option value="+" <?php echo ($opera=="+")?"selected":""; ?> >+
</option>
                <option value="-" <?php echo ($opera=="-")?"selected":""; ?> >-
</option>
                <option value="*" <?php echo ($opera=="*")?"selected":""; ?> >*
</option>
                <option value="/" <?php echo ($opera=="/")?"selected":""; ?> >/
</option>
            </select>
            <input type="text" name="second" value="<?php echo $second;?>"/>
            <input type="submit" name="cal" value="=" />
            <?php echo $result;?>
            </form>
    </body>
</html>
```

实训 2：实现产品管理系统中的添加功能

要求：实现添加数据的后台获取，运行 add.php，输入产品信息，单击添加后跳转到后台接收数据程序 save.php，在 save.php 中接收并输出用户输入的产品信息，暂时不考虑接收图片上传信息。

参考效果如图 4.7 和图 4.8 所示。

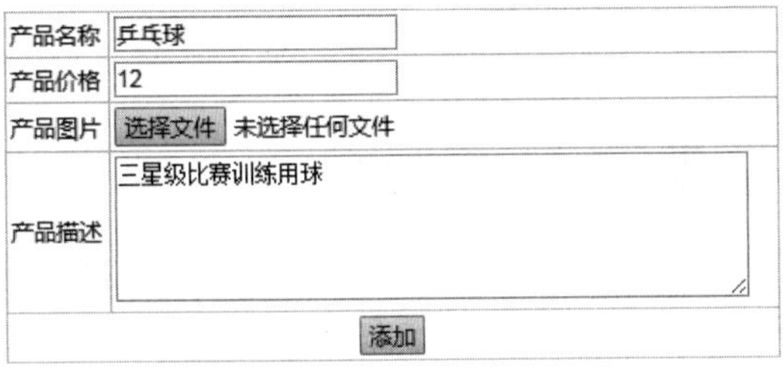

图 4.7　add. php 添加信息

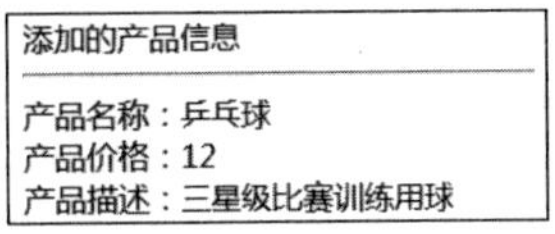

图 4.8　save. php 获取添加的数据并显示出来

add. php 表单部分代码

```
<form name="fadd" method="post" action="save.php">
    <table >
        <tr>
            <td>产品名称</td>
<td><input type="text" name="productname"></td>
        </tr>
        <tr>
            <td>产品价格</td>
<td><input type="text" name="productprice"></td>
        </tr>
        <tr>
            <td>产品图片</td>
<td><input type="file" name=""></td>
        </tr>
        <tr>
            <td>产品描述</td>
<td><textarea cols="52" rows="5" name="productdes"></textarea></td>
        </tr>
        <tr>
            <td colspan="2" style="text-align: center;"><input type="submit" value=
"添加" name="add"></td>
        </tr>
    </table>
</form>
```

save. php 参考代码

```
<?php
    if (isset($_POST['add'])) {
        $productname = $_POST['productname'];
        $productprice = $_POST['productprice'];
        $productdes = $_POST['productdes'];
        echo "添加的产品信息<hr/>";
        echo "产品名称：$productname<br/>";
        echo "产品价格：$productprice<br/>";
        echo "产品描述：$productdes<br/>";
    }
?>
```

第 5 章

函　　数

5.1　PHP 函数是什么

5.1.1　PHP 函数概念

在数学知识里,函数是由参数的定义域和在这个参数定义域上的某种规则组成的。当选定某一参数时,函数的值也是唯一确定的。例如,有这样一个数学函数 $f(x)=2x+3$,那么就有 $f(1)=5$、$f(3)=9$,这里的 1、3 都是函数 $f()$ 的参数,而 5、9 都是这些参数对应的函数 $f()$ 的值。PHP 中的函数和数学中函数的概念很相似,只不过 PHP 中的函数不仅仅是做一些数学运算,而是要完成更多、更复杂的功能。

函数在面向过程编程时代是一个重要的概念,通过把复杂、重复的代码转化成函数,使得面向过程编程变得简单、明了。函数是一段写好的代码,这段代码称为函数名,通过调用名字执行这段代码。函数是可以在程序中重复使用的语句块,函数的主要作用是代码重用,一次编写,到处运行,使代码易于维护。页面加载时函数不会立即执行,函数只有在被调用时才会执行。

从使用角度来看,PHP 的函数可以分为两种,即 PHP 的预定义函数和用户自定义的函数。用户可以在自己的程序或 PHP 文件中直接使用预定义函数,PHP 提供了大量功能丰富的预定义函数供 PHP 开发人员使用,极大地提高了开发效率。而自定义函数,是开发人员专门用来解决特定需求的功能模块。

5.1.2　PHP 自定义函数

PHP 的真正力量来自它的函数,它拥有超过 1000 个内建的函数,也叫系统函数,是可以直接使用的,如常用的 var_dump() 函数。除了内建的 PHP 函数,PHP 也允许用户创建自己的函数,即用户自定义函数。

在 PHP 中声明一个自定义的函数语法格式为

```
function 函数名(参数 1, 参数 2, ..., 参数 n){
    函数体;
    return 返回值;
}
```

说明:

(1) 每个函数的第一行都是函数头,由声明函数的关键字 function、函数名和参数列表三部分组成,其中每一部分完成特定的功能。

(2) 每个自定义函数都必须使用 function 关键字声明。

(3) 函数名可以代表整个函数,可以将函数命名为任何名称,只要遵循变量名的命名规则即可。每个函数都有唯一的名称,但需要注意的是,在 PHP 中不能使用函数重载,所以不能定义重名的函数,也包括不能和系统函数同名。

(4) 声明函数时函数名后面的小括号"()"也是必须有的,在小括号中包含了一组可以接受的参数列表,参数就是声明的变量,然后在调用函数时可以将变量传递给函数。参数列表可以为空,也可以有一个或多个参数,多个参数之间使用逗号分隔。

(5) 函数体位于函数头后面,需要使用大括号"{}"包裹起来。函数的所用工作都是在函数体中完成的。函数被调用后,首先执行函数体中的第一条语句,执行到 return 语句或最外面的大括号"}"后结束,返回到调用函数的地方。

(6) 使用关键字 return 可以从函数中返回一个值或者表达式,程序执行到 return 语句时,该表达式将被计算,然后返回到调用函数的地方继续执行。

因为参数列表和返回值在函数定义时都不是必需的,而其他的部分是必须有的,所以声明函数时通常有以下几种方式。

(1) 在声明函数时可以没有参数列表。

```
function 函数名(){
    函数体;
    return 返回值;
}
```

(2) 在声明函数时可以没有返回值。

```
function 函数名(参数1, 参数2, ..., 参数n){
    函数体;
}
```

(3) 在声明函数时可以没有参数列表和返回值。

```
function 函数名(){
    函数体;
}
```

【例 5.1】 定义无参无返回值的函数 test 并调用该函数。

```
<?php
    function test(){
        echo "abc";
    }
    test();      //通过调用函数名 test 运行函数里的代码,输出 abc
    TEST();      //也输出了 abc
?>
```

注意:在调用自定义函数时,函数名是不区分大小写的,不过我们要养成好的习惯,调用函数名时要按区分大小写要求自己,使用相同形式调用是个好习惯。

5.2 函数与主程序数据通信

通过前面对定义函数的学习我们知道,函数的参数列表是由零个或多个参数组成的,每个参数之间使用逗号分隔开。参数是函数内部和函数外部进行数据交换的端口,函数中数据的传入都是由参数来完成的。本节介绍主程序的数据如何通过参数在函数中使用,以及函数中的数据如何返回到主程序中。

5.2.1　函数的参数

为了给函数添加更多的功能,我们可以添加参数,参数类似变量。参数就在函数名称后面的一个括号内指定。

在调用函数时,通过参数列表可以把函数外的数据传递到函数内部,被传入函数的参数称为实参,而函数定义的参数称为形参。向函数传递参数的方式有四种,分别是值传递、引用传递、默认参数和可变长度参数。函数的参数是从左向右求值的。

1. 值传递

值传递是 PHP 中函数的默认传值方式,也称为"复制传值"。顾名思义,值传递的方式会将实参的值复制一份再传递给函数的形参,所以在函数中操作参数的值并不会对函数外的实参造成影响。因此如果不希望函数修改实参的值,就可以通过值传递的方式。

【例 5.2】　值传递示例。

```php
<?php
    function test ($num){
        $num = 200;
        var_dump($num);        //参数变量$num被修改为200
    }
    $a = 100;
    test($a);                  //调用函数 test(),把变量$a的值传递给参数变量$num
    var_dump($a);              //变量$a的值仍然是原来的100
?>
```

2. 引用传递

如果希望允许函数修改它的参数值,必须通过引用传递的方式,也就是常说的传地址方式。参数的引用传递就是把实参的内存地址复制一份,然后传递给函数的形参,实参和形参都指向同一个内存地址,因此函数对形参的操作,会影响到函数外的实参。引用传递就是在值传递的基础上加上一个 & 符号,如下所示:

```php
function name (& 参数 1, & 参数 2, ..., & 参数 3) {
    ...
}
```

【例 5.3】　引用传递示例。

```php
<?php
    function test (&$num){
        $num = 200;
        var_dump($num);        //参数变量$num被修改为200,由于$num和$a是同一块内存区域,
                               //  因此$a的值也变成了200
    }
    $a = 100;
    test($a);                  //调用函数 test(),把变量$a的内存地址传递给参数变量$num
```

```
    var_dump($a);              //变量$a的值在函数中被修改为 200
?>
```

3. 默认参数

默认参数就是给函数的某个或多个形参指定一个默认的值,如果调用函数时不传入对应的值,那么函数就会使用这个默认值,这样可以避免调用时出现没有参数的错误,也可以使一些程序显得更加合理。如果传入对应的参数,就会替换这个默认值。

PHP还允许使用数组 array 和特殊类型 NULL 作为默认参数。

【例 5.4】 默认参数示例。

```
<?php
    function test ( $name = "无名氏" ){
        return "你好 $name 。<br/>" ;
    }
    echo test ();
    echo test ( null );
    echo test ( "Tom" );
?>
```

例 5.4 中指定参数 $name 的默认值是"无名氏",当调用函数时,如果不传递实际参数,那么 $name 的值就是默认值。

运行结果为

```
你好 无名氏 。
你好 。
你好 Tom 。
```

注意:默认参数也可以是多个,由于函数的参数是从左向右求值的,默认参数必须放在非默认参数右边,并且指定默认参数的值必须是一个具体的值,如数字、字符串,而不能是一个变量。

【例 5.5】 多个默认参数示例。

```
<?php
    ini_set("display_errors", "On");
    function test ($n1=200,$n2){
        return ($n1+$n2)."<br/>" ;
    }
    echo test (100);              //报错,就近分配,100 会给了 $n1,则 $n2 无值
?>
```

改写上面的代码:

```
<?php
    ini_set("display_errors", "On");
    function test ($n1,$n2=200){   //默认参数放在非默认参数的右侧
        return ($n1+$n2)."<br/>" ;
    }
    echo test (100);              //正确输出300
?>
```

4. 可变长度参数

在 PHP 5.6 及以后的版本中,函数的形参可使用"…"来表示函数可接受一个可变数量的参数,可变参数则被当作一个数组传递给函数。

【例 5.6】 可变长参数示例。

```php
<?php
    function mysum(...$arr){
        $sum=0;
        foreach ($arr as $v) {
            $sum += $v;
        }
        echo $sum;
    }
    mysum();                        //输出:0
    mysum(1);                       //输出:1
    mysum(1, 2);                    //输出:3
    mysum(1, 2, 3);                 //输出:6
?>
```

5.2.2　数组做参数

PHP 中,数组也可以作为函数参数,数组做参数时默认是值传递,如果要表示引用传递参数,数组作形参时需要在前面加 & 符号。

【例 5.7】 数组参数值传递示例。

```php
<?php
    $a=[1,2];
    function test($arr){            //复制实参数组的副本,不会影响实参数组的原始数据
        $arr[0]=100;                //改变的是 arr 数组的值
    }
    test($a);
    echo $a[0];                     //仍然是 1
?>
```

【例 5.8】 数组参数引用传递示例,修改例 5.7 的代码,在形参前面加 &,数组通过引用传递参数。

```php
<?php
    $a=[1,2];
    function test(&$arr){
//通过引用传递数组,形参数组和实参数组使用的是相同的内存区域,形参数组数据的改变会影响实参数组的原始数据
        $arr[0]=100;
    }
    test($a);
    echo $a[0];                     //得到改变后的 100
?>
```

5.2.3　变量作用域

在 PHP 中，可以在脚本的任意位置对变量进行声明。变量是有作用域的，变量的作用域指的是变量能够被引用的代码范围。

PHP 有三种不同的变量作用域：局部(local)、全局(global)和静态(static)。

1. 局部变量和全局变量作用域

函数之外声明的变量拥有全局变量作用域，只能在函数以外进行访问。

函数内部声明的变量拥有局部变量作用域，只能在函数内部进行访问。

【例 5.9】　在函数中使用函数外定义的变量，以及在函数外使用函数中定义的变量。

```php
<?php
    ini_set("display_errors", "On");
    $a = 100;
    function test(){
        var_dump($a);
        $b = 200;
    }
    test();
    var_dump($b);
?>
```

运行结果如图 5.1 所示。

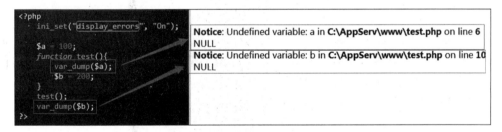

图 5.1　变量作用域示例

从运行结果可以看出，在函数 tes()中引用了一个全局变量 $a ，但变量 $a 是在函数外定义的，因此，变量 $a 在 test()中是未定义变量，这一点 PHP 和 C 语言是不同的，在 C 语言中，变量 $a 会作为全局变量在函数中自动生效，除非被局部变量覆盖，但在 PHP 中不是，PHP 中全局变量在函数中使用时必须声明为 global。变量 $b 是在函数中声明的变量，只能在函数中使用。

【例 5.10】　改写上面的程序，在函数中声明了全局变量 $a 和 $b 之后，对任一变量的所有引用都会指向其全局版本。

```php
<?php
    ini_set("display_errors", "On");
    $a = 100;
    function test(){
        global $a,$b;    //在函数中可以使用外部定义的 $a,在函数外部也可以使用函数中定义的
                         $b
        var_dump($a);
```

```
            $b = 200;
        }
        test();
        var_dump($b);
?>
```

运行结果为

```
int(100) int(200)
```

2. static 关键字

通常,当函数执行结束后,会删除所有变量。如果需要在函数执行完后保留函数内局部变量的值,那么可以在函数中声明变量时使用 static 关键字。static 声明的变量叫静态变量,静态变量仅在局部函数域中存在,但当程序执行离开此作用域时,其值并不丢失。

【例 5.11】 不用 static 定义变量示例。

```php
<?php
    function test (){
        $a = 0 ;
        echo $a ;
        $a ++;
    }
    test ();                        //输出 0
    test ();                        //输出 0
    test ();                        //输出 0
?>
```

在每次调用这个函数的时候,函数都会将 $a 变量置 0 再输出,尽管每次输出后,变量 $a 都加 1,但加 1 操作没有起作用,因为一旦退出本函数则变量 $a 就不存在了。为了每次都能将 $a 的值保存起来,我们可以将它声明为 static。

【例 5.12】 改写上面代码,使用 static 定义变量。

```php
<?php
    function test (){
        static $a = 0 ;
        echo $a ;
        $a ++;
    }
    test ();                        //输出 0
    test ();                        //输出 1
    test ();                        //输出 2
?>
```

5.2.4 return 语句

通过前面函数的学习我们知道,函数是一个功能集合体,可以实现某些特定的功能或运算。函数运行之后的结果保留在函数内部是没有任何意义的,所以我们需要将函数的运算结果返回到调用函数的地方。要把函数中的值传递到主程序,可以使用全局变量,也可以通过使用 return 返回语句返回该值。

return 语句语法格式如下:

return 返回值;

其中,"返回值"为一个可选参数,可以是一个具体的值或者表达式,也可以为空。"返回值"与 return 关键字之间需要使用空格分隔。

注意:return 语句只能返回一个参数,即只能返回一个值,不能一次返回多个值。如果要返回多个值,就需要在函数中定义一个数组,将返回值存储在数组中返回。

使用 return 语句时需要注意以下几点。

- return 语句用于向"调用函数者"返回一个值,返回值后,立即结束函数运行,所以 return 语句一般都放在函数的末尾;如果省略了 return ,则返回值为 NULL。
- 如果一个函数中存在多个 return 语句,则只会执行第 1 个。
- return 语句也可以不返回参数,就相当于结束函数运行。
- 如果在全局作用域内使用 return 语句,则会立即终止当前运行的脚本。
- 如果使用 include 或 require 引入的脚本文件中含有 return 语句,则会返回到引入脚本的地方继续向下执行,return 之后的其他代码不再执行。

【例 5.13】 retun 语句的使用。

```php
<?php
    function test ( ){
        $a = 100;
        return $a ;
    }
    echo test();                    //输出 100
    $r = test();                    //把函数的返回值赋值给变量$r
?>
```

注意:PHP 中,函数不能返回多个值,如果确实需要一次返回多个值,可以通过返回一个数组的形式来实现效果。

【例 5.14】 返回一个数组以得到多个返回值。

```php
<?php
    function small_numbers (){
        return array ( 0 , 1 , 2 );
    }
    $a = small_numbers ();          //变量$a 接收函数返回的数组
    var_dump($a);
?>
```

运行结果为

array(3) { [0]=> int(0) [1]=> int(1) [2]=> int(2) }

5.3 系 统 函 数

PHP 提供了很多内置函数,这里简单介绍一些系统函数,更多的函数内容请查阅手册。

5.3.1 时间有关函数

PHP 开发中,关于时间函数的使用基本上可以说是无处不在,而 PHP 中操作时间的方法也很多,比如 PHP 时间戳、日期与时间戳之间的转换、获取当前日期、当前时间之前或之后的时间等,下面详细讲述一下 PHP 中各种时间函数的使用。

在 PHP 中获取时间方法是 date(),在 PHP 中获取时间戳方法有 time()、strtotime()。下面分别说明。

1. date()

date()是时间戳格式化字符串,返回格式化后的时间字符串,其格式为

```
date($format, $timestamp)
```

format 为格式、timestamp 为时间戳(可选)。

date()函数的格式参数是必需的,它们规定如何格式化日期或时间。

一些常用于日期及时间的格式字符,见表 5.1。

表 5.1　一些常用于日期及时间的格式字符

format 字符	说　　明	返回值例子
d	月份中的第几天,有前导零的 2 位数字	01 到 31
D	星期中的第几天,文本表示,3 个字母	Mon 到 Sun
j	月份中的第几天,没有前导零	1 到 31
l(L 的小写字母)	星期几,完整的文本格式	Sunday 到 Saturday
N	ISO-8601 格式数字表示的星期中的第几天(PHP 5.1.0 新加)	1(表示星期一)到 7(表示星期天)
S	每月天数后面的英文后缀,2 个字符	st,nd,rd 或者 th。可以和 j 一起用
w	星期中的第几天,数字表示	0(表示星期天)到 6(表示星期六)
z	年份中的第几天	0 到 365
W	ISO-8601 格式年份中的第几周,每周从星期一开始(PHP 4.1.0 新加的)	例如:42(当年的第 42 周)
F	月份,完整的文本格式,例如 January 或者 March	January 到 December
m	数字表示的月份,有前导零	01 到 12
M	三个字母缩写表示的月份	Jan 到 Dec
n	数字表示的月份,没有前导零	1 到 12
t	指定的月份有几天	28 到 31
L	是否为闰年	如果是闰年为 1,否则为 0
o	ISO－8601 格式年份数字。这和 Y 的值相同,只除了如果 ISO 的星期数(W)属于前一年或下一年,则用那一年。(PHP 5.1.0 新加)	Examples:1999 or 2003
Y	4 位数字完整表示的年份	例如:1999 或 2003
y	2 位数字表示的年份	例如:99 或 03
a	小写的上午和下午值	am 或 pm
A	大写的上午和下午值	AM 或 PM
B	Swatch Internet 标准时	000 到 999
g	小时,12 小时格式,没有前导零	1 到 12
G	小时,24 小时格式,没有前导零	0 到 23
h	小时,12 小时格式,有前导零	01 到 12

续表

format 字符	说　　　明	返回值例子
H	小时,24 小时格式,有前导零	00 到 23
i	有前导零的分钟数	00 到 59>
s	秒数,有前导零	00 到 59>
u	毫秒（PHP 5.2.2 新加）。需要注意的是在 date( )函数中使用的话总是返回 000000 DateTime::format( )才支持毫秒。	示例：654321

【例 5.15】 date($format)用法举例。

```php
<?php
    echo date('Y-m-d');            //输出结果：2020-03-10
    echo date('Y-m-d H:i:s');      //输出结果：2020-03-10 00:53:56
    echo date('Y年 m月 d日');       //输出结果：2020 年 03 月 10 日
    echo "今天是 " . date("l");     //输出结果：今天是 Tuesday
?>
```

2. date_default_timezone_set( )

date_default_timezone_set( )用于设定所有日期时间函数的默认时区。

在 PHP 里面,通常获取到的时间会与当前时间相差 8 小时,这是由于在 PHP 的配置里默认是以 0 时区的时间为基准,而我们位于东 8 区,与 0 时区相差八小时,所以在实际开发中使用时间,要特别注意设置好时区,设置的方法主要有下面的两种。

（1）在 php. ini 中找到 date. timezone,将它的值改成 Asia/Shanghai,即 date. timezone ＝ Asia/Shanghai(将当前时区设置为亚洲上海时区)。

（2）在程序开始的地方添加"date_default_timezone_set('Asia/Shanghai');"即可,当然对于中国的时区,我们也可以使用"date_default_timezone_set('PRC');"来设置。

【例 5.16】 设置时区示例。

```php
<?php
    $script_tz = date_default_timezone_get(); //得到当前默认时区名称
    echo "当前默认时区：$script_tz";
    echo "<br/>";
    echo "当前默认时区时间：".date('Y-m-d H:i:s');
    echo "<br/>";
    date_default_timezone_set('PRC');          //设置当前使用时区
    echo "当前国内实际时间：".date('Y-m-d H:i:s');
    echo "<br/>";
?>
```

运行结果为

```
当前默认时区：UTC
当前默认时区时间：2020-03-10 02:29:16
当前国内实际时间：2020-03-10 10:29:16
```

3. time()/strtotime()

time()/strtotime()为时间戳函数。

time()时间戳用于返回1970-1-1零点(计算机元年)到此时的总秒数,没有参数。

strtotime()将格式化的日期时间或任何英文文本的日期时间描述解析为Unix时间戳。格式为strtotime($time, $now),$time为必填,规定要解析的时间字符串;$now用来计算返回值的时间戳,如果省略该参数,则使用当前时间。

【例5.17】 时间戳示例。

```php
<?php
    date_default_timezone_set('PRC');
    $now = date('Y-m-d H:i:s');
    echo "当前时间: $now<br/>";                       //输出: 当前时间: 2020-03-10 09:33:12
    echo time();                                      //输出当前时间戳 1583803992
    echo "<br/>";
    echo strtotime($now);                             //输出: 1583803992
    echo "<br/>";
    echo date('Y-m-d H:i:s',strtotime('+1 day'));     //输出结果: 2020-03-11 09:33:12
                                                      //(输出明天此时的时间)
    echo "<br/>";
    echo date('Y-m-d H:i:s',strtotime('-1 day'));     //输出结果: 2020-03-09 09:33:12
                                                      //(昨天此时的时间)
    echo "<br/>";
    echo date('Y-m-d H:i:s',strtotime('+1 week'));    //输出结果: 2020-03-17 09:33:12
                                                      //(获取下个星期此时的时间)
    echo "<br/>";
    echo date('Y-m-d H:i:s',strtotime('next Thursday'));//输出结果: 2020-03-12 00:00:00(获
                                                      //取下个星期四凌晨的时间)
    echo "<br/>";
    echo date('Y-m-d H:i:s',strtotime('last Thursday'));//输出结果: 2020-03-05 00:00:00(获
                                                      //取上个星期四凌晨的时间)
?>
```

运行结果为

```
当前时间: 2020-03-10 09:33:12
1583803992
1583803992
2020-03-11 09:33:12
2020-03-09 09:33:12
2020-03-17 09:33:12
2020-03-12 00:00:00
2020-03-05 00:00:00
```

4. microtime(参数)

microtime(参数)用于返回当前Unix时间戳的微秒数。参数是布尔值,可选,要么是true,要么是false,默认是false,用法如下。

(1) microtime(true): 得到一个时间戳,为一个秒数,和time()功能基本一样,不同的是,

microtime 是一个浮点数,带 4 位小数。

(2) microtime(false)/ microtime():以 "msec sec"的格式返回一个字符串,其中 sec 是自 Unix 纪元(0:00:00 January 1, 1970 GMT)起到现在的秒数,msec 是微秒部分。字符串的两部分都是以秒为单位返回的。

【例 5.18】 microtime 函数示例。

```php
<?php
    echo(microtime());
    echo "<br/>";
    echo(microtime(false));
    echo "<br/>";
    echo(microtime(true));
?>
```

运行结果为

```
0.35138900 1583810270
0.35138900 1583810270
1583810270.3514
```

5.3.2 函数相关函数

function_exists():判断指定的函数名字是否在内存中存在。

func_get_arg():在自定义函数中获得指定数值对应的参数。

func_get_args():在自定义函数中获得所有的参数(得到数组形式)。

func_num_args():在自定义函数中获得参数数量。

【例 5.19】 定义一个函数,实现给定任意个数,计算所有数的和。

```php
<?php
    function getSum(){
        $allArgs = func_get_args();     //得到一个数组,元素是所有的实参
        $count = func_num_args();       //得到参数的个数也可以使用$count($allArgs)得到
                                        //数组的长度

        $sum = 0;
        for ($i=0; $i <$count ; $i++) {
            # code...
            $sum += $allArgs[$i];
        }
        return $sum;
    }
    $r1 = getSum();
    echo "r1 的和是: $r1<br/>";
    $r2 = getSum(2.5,3,4);
    echo "r2 的和是: $r2<br/>";
?>
```

运行结果为

```
r1 的和是: 0
r2 的和是: 9.5
```

实训：定义一个更名函数

要求：传递一个文件名参数，该函数可以修改给定的文件名，改名规则为以当前时间的时间戳作为文件名，避免出现文件重名现象。

参考代码：

```php
<?php
function filerename($filename){
    date_default_timezone_set('PRC');

    $ext = pathinfo($filename,PATHINFO_EXTENSION);                //取文件后缀名
    $newfilename = date("YmdHis").rand(1000,9999).".".$ext;  //重命名
    return $newfilename;
}
echo filerename("abc.doc");
?>
```

第 6 章

图 像 处 理

6.1 开启 GD2 图像扩展库

PHP 不仅能生成 HTML 页面,还可以生成多种不同格式的图像,也能对图片文件进行各种操作。PHP 提供了 GD 函数库来创建新图像或处理已有的图像。PHP 中,GD 扩展库用于动态创建图片,它使用 C 语言编写且开放源代码,现行版本是 2.0,所以也称为 GD2。目前 GD2 库支持 JPEG、PNG 和 WBMP 格式。

目前 PHP 版本都已经内置了 GD 库,不需要单独安装,但使用之前,需要开启 GD 库功能。

查看图像扩展库 GD2 是否开启,使用 phpinfo()函数在 PHP 页面运行,就会显示 PHP 的详细信息,往下拉页面,如果可以看到 GD 的信息,如图 6.1 所示,则表示当前 PHP 环境支持 GD 库而且 GD 库已经开启可以使用。

GD Support	enabled
GD Version	bundled (2.1.0 compatible)
FreeType Support	enabled
FreeType Linkage	with freetype
FreeType Version	2.9.1
GIF Read Support	enabled
GIF Create Support	enabled
JPEG Support	enabled
libJPEG Version	9 compatible
PNG Support	enabled
libPNG Version	1.6.34
WBMP Support	enabled
XPM Support	enabled
libXpm Version	30512
XBM Support	enabled
WebP Support	enabled

图 6.1 查看 GD 库

如果查不到 GD 库信息,先检查当前 PHP 版本是否安装了 GD 扩展库,打开 PHP 安装目录下的 ext 文件夹,查看是否有 php_gd2.dll 文件,如图 6.2 所示。

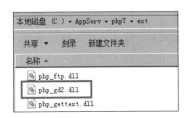

图 6.2 查看 php_gd2.dll 文件

如果没有 php_gd2.dll 文件,需要手动安装;如果已经存在该文件,需要开启 GD2 扩展库,如图 6.3 所示,只需要将 php.ini 中 extension＝php_gd2.dll 选项前的分号去掉,重启 Apache 即可。

图 6.3　开启 GD2 扩展库

6.2　PHP 图像处理

在 PHP 中通过 GD 库处理图像的操作,都是先在内存中处理,操作完成以后再以文件流的方式,输出到浏览器,也可以保存在服务器磁盘中。

6.2.1　创建画布

在 PHP 中,通过 GD 库处理图像的操作,都是先在内存中处理,操作完成以后再以文件流的方式,输出到浏览器或保存在服务器的磁盘中。创建图像一般分为以下 4 个基本步骤。

1. 创建画布

所有的绘图设计都需要在一个背景图片上完成,而画布实际上就是在内存中开辟的一块临时区域,用于存储图像的信息。以后的图像操作都以这个背景画布为基底,该画布的管理就类似于我们在画画时使用的画布。

2. 绘制图像

图像创建完成后,可以通过该图像资源,使用各种图像函数可以设置图像的颜色、填充画布、画点、线、几何图形,还可以向图像添加文本等。

3. 输出图像

完成整个图像的绘制后,可以将图像以某种格式保存在服务器磁盘上,也可以将图像直接输出到浏览器显示给用户。注意:在图像输出到浏览器之前,要使用 header() 函数发送 content-type 数据,提示浏览器发送的数据是图片不是文本。

4. 释放资源

图像输出以后,画布中的内容也不再有用。出于节约系统资源的考虑,需要及时清除画布占用的内存资源。

PHP 创建画布通常使用函数 imagecreate() 和 imagecreatetruecolor(),它们的语法格式如下所示:

```
imagecreate(int $width, int $height)
imagecreatetruecolor(int $width, int $height)
```

其中,$width 为图像的宽度,$height 为图像的高度。

以上两个函数都可以创建一张画布,而且成功后都会返回一个资源句柄,失败则返回

false。不同的是它们可以容纳的色彩范围不同,imagecreate()创建一个基于普通调色板的图像,通常支持 256 色;而 imagecreatetruecolor()可以创建一个真色彩图像,但是它不能用于 GIF 格式的图像。

函数 imagesx()和 imagesy()可以获取图像的宽和高(单位是像素),它们的语法格式如下所示。

```
imagesx(resource $image)
imagesy(resource $image)
```

其中,$image 为创建的画布资源。

【例 6.1】 创建指定尺寸的画布并输出图像的高度和宽度。

```php
<?php
    //header ('Content-Type: image/png');
    $img = imagecreatetruecolor(120, 20);
    echo '画布的宽度为:'.imagesx($img).'像素';
    echo '<br>画布的高度为:'.imagesy($img).'像素';
?>
```

以上代码由于没有在画布上执行任何操作,所以浏览器不会输出画布。但是可以通过 imagesx()和 imagesy()来获取图像的宽和高(单位是像素),运行结果为

```
画布的宽度为:120 像素
画布的高度为:20 像素
```

还可以使用表 6.1 中的函数,通过文件或 URL 创建一个新图像。

表 6.1 创建图像常用函数

函 数 名	描 述
imagecreatefromgif(string $filename)	通过 GIF 文件或者 URL 新建一个图像
imagecreatefromjpeg(string $filename)	通过 JPEG 文件或者 URL 新建一个图像
imagecreatefrompng(string $filename)	通过 PNG 文件或者 URL 新建一个图像
imagecreatefromwbmp(string $filename)	通过 WBMP 文件或者 URL,新建一个图像

表 6.1 中的函数都只接受一个文件路径或者 URL 作为参数,在执行成功后返回文件句柄,失败则返回 false。

6.2.2 输出/释放图像

6.2.1 小节介绍了如何创建画布,但是如果不输出就无法看到画布中的图像是什么样子,在 PHP 中可以使用不同的函数输出不同格式的图像(见表 6.2)。

表 6.2 输出图像函数

函 数 名	描 述
imagegif()	输出一个 GIF 格式图像到浏览器或文件
imagejpeg()	输出一个 JPEG 格式图像到浏览器或文件
imagepng()	输出一个 PNG 格式图像到浏览器或文件

表 6.2 中函数的语法格式如下：

```
imagegif(resource $image[, string $filename])
imagejpeg(resource $image[, string $filename[, int $quality]])
imagepng(resource $image[, string $filename])
```

其中，\$image 为创建的图像资源；\$filename 为可选参数，用来设置文件的保存路径，如果设置为 NULL，则将会直接输出原始图像流，如果用 filename 给出了文件名则将其输出到该文件；\$quality 为可选参数，用来设置输出图片的质量，范围从 0(最差质量，文件更小)到 100(最佳质量，文件最大)。默认为 IJG 默认的质量值(大约为 75)。

在图像的所有资源使用完毕后，通常需要释放图像处理所占用的内存。在 PHP 中可以通过 imagedestroy()函数来释放图像资源，其语法格式如下：

```
imagedestroy(resource $image)
```

其中，\$image 为要释放的图像资源。

【例 6.2】 使用图像输出函数输出创建的图像。

```php
<?php
    header ('Content-Type: image/png');     //设置浏览器输出图像的形式
    $img1 = imagecreatetruecolor(400, 300);
    //百度 logo 图片 url $baidu_url='https://www.baidu.com/img/PCtm_d9c8750bed0b3c7
d089fa7d55720d6cf.png';
    $img2 = imagecreatefrompng($baidu_url);
    ob_clean();                             //清空缓存，否则有可能看不到图像
    imagepng($img1,'test.png');             //生成图像，保存为 test.png
    imagepng($img2);                        //生成图像，并在浏览器中显示
    //释放图像资源
    imagedestroy($img1);
    imagedestroy($img2);
?>
```

运行例 6.2 的代码，会在本地生成一个 test.png 文件，并在浏览器输出百度的 Logo 图片，如图 6.4 所示。

图 6.4　输出图像示例

6.2.3 定义颜色

前面的示例中，imagecreatetruecolor()创建的图像，默认是黑色背景，可以通过imagecolorallocate()和imagecolorallocatealpha()两个函数来设置改变图像的颜色，下面就来详细介绍。

1. imagecolorallocate()函数

imagecolorallocate()函数可以为一个图像资源分配颜色，如果在图像中需要设置多种颜色，只要多次调用该函数即可。函数的语法格式如下：

imagecolorallocate(resource $image, int $red, int $green, int $blue)

其中，$image 为要设置颜色的图像资源，imagecolorallocate()函数会返回一个标识符，代表了由给定的 RGB 组成的颜色；$red、$green 和 $blue 分别是所需要颜色的红、绿、蓝成分，取值范围是 0~255 的整数或者十六进制的 0x00~0xFF。

提示：如果是使用 imagecreate()函数创建的图像资源，在第一次调用 imagecolorallocate()函数时会默认为其填充背景色；如果使用的是 imagecreatetruecolor()函数创建的图像资源，需要调用 imagefill()函数进行图像区域的颜色填充，该函数后面会有进一步介绍。

【例 6.3】 使用 imagecolorallocate()函数为图像设置颜色。

```php
<?php
    header ('Content-Type: image/png');
    $img = imagecreatetruecolor(400, 300);
    $red = imagecolorallocate($img, 255, 0, 0);      //定义红色
    imagefill($img,0,0,$red);                        //填充红色
    ob_clean();
    imagepng($img);
    imagedestroy($img);
?>
```

运行结果如图 6.5 所示。

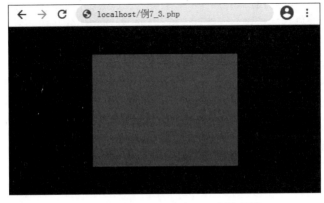

图 6.5 imagecolorallocate()函数示例

2. imagecolorallocatealpha()函数

imagecolorallocatealpha()函数的作用和 imagecolorallocate()相同,但多了一个额外的设置透明度的参数 alpha,函数的语法格式如下:

```
imagecolorallocatealpha (resource $image, int $red, int $green, int $blue, int
$alpha)
```

其中,$image 为要设置颜色的图像资源;$red、$green 和 $blue 分别是所需要的颜色的红、绿、蓝成分,取值范围是 0～255 的整数或者十六进制的 0x00～0xFF;$alpha 用来设置颜色的透明的,取值范围在 0～127,0 表示完全不透明,127 则表示完全透明。

【例 6.4】 使用 imagecolorallocatealpha()函数为图像设置颜色。

```php
<?php
    $size=300;
    $image=imagecreatetruecolor($size,$size);
    //用白色背景加黑色边框画个方框
    $back=imagecolorallocate($image,255,255,255); //白背景
    $border=imagecolorallocate($image,0,0,0);      //黑边框
    imagefilledrectangle($image,0,0,$size-1,$size-1,$back);
    imagerectangle($image,0,0,$size-1,$size-1,$border);
    $yellow_x=100;
    $yellow_y=75;
    $red_x=120;
    $red_y=165;
    $blue_x=187;
    $blue_y=125;
    $radius=150;
    //用 alpha 值分配一些颜色
    $yellow=imagecolorallocatealpha($image,255,255,0,75);
    $red=imagecolorallocatealpha($image,255,0,0,75);
    $blue=imagecolorallocatealpha($image,0,0,255,75);
    //画 3 个交叠的圆
    imagefilledellipse($image,$yellow_x,$yellow_y,$radius,$radius,$yellow);
    imagefilledellipse($image,$red_x,$red_y,$radius,$radius,$red);
    imagefilledellipse($image,$blue_x,$blue_y,$radius,$radius,$blue);
    //不要忘记输出正确的 header!
    header('Content-type:image/png');
    //最后输出结果
    imagepng($image);
    imagedestroy($image);
?>
```

运行结果如图 6.6 所示。

6.2.4 绘制图像

在 PHP 中绘制图像的函数非常丰富,包括点、线、几何图形等可以想象出来的平面图形,都可以通过 PHP 中提供的各种画图函数完成。无论是多么复杂的图形都是在这些最基本的图形基础上进行深化的,只要掌握了最基本图形的绘制方法,就能够绘制出各种具有独特风格

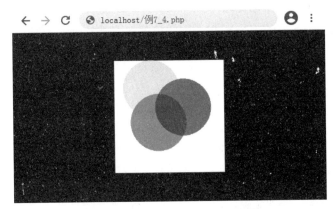

图 6.6 imagecolorallocatealpha()函数示例

的图形。本节介绍几种常用图形的绘制方法,更多的图形绘制函数请查阅相关手册。

使用 PHP 绘制一个图像通常需要以下 4 个步骤。

- 创建一个背景图像,以后所有操作都是基于此背景。
- 在图像上绘制图形轮廓或者输入文本。
- 输出最终图形。
- 清除内存中所有资源。

绘制图形函数都需要使用画布资源,画布的位置通过坐标(原点是该画布左上角的起始位置,以像素为单位,沿着 X 轴正方向向右延伸,Y 轴正方向向下延伸)决定。画布中的坐标系统如图 6.7 所示。

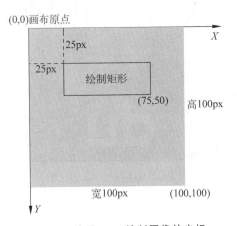

图 6.7 使用 PHP 绘制图像的坐标

图 6.7 展示的是一个 100×100 的画布,并在画布的(25,25)坐标处绘制了一个 50×25 的矩形。

1. 域填充

区域填充不可以用来绘制图像,但它可以将一个已存在图像的颜色替换为其他颜色。在 PHP 中通过 imagefill()函数来执行区域填充,它的语法格式如下:

```
imagefill(resource $image, int $x, int $y, int $color)
```

其中，$image 为创建的图像资源；$x 和 $y 为要设置颜色的横纵坐标；$color 为要设置的颜色。imagefill() 会将与坐标(x,y)相邻的颜色替换为 $color 设置的颜色。

【例 6.5】 使用 imagefill() 函数百度 Logo 的 4 个爪印改为绿色。

```php
<?php
  header('Content-type:image/png');
    $img = imagecreatefrompng('https://www.baidu.com/img/PCtm_d9c8750bed0b3c7d089fa7d55720d6cf.png');
    $grenn = imagecolorallocate($img, 0, 255, 0);
    //通过 4 个爪印坐标填充绿色
    imagefill($img, 222, 152, $grenn);
    imagefill($img, 249, 121, $grenn);
    imagefill($img, 289, 121, $grenn);
    imagefill($img, 313, 152, $grenn);
    //输出图像到浏览器
    imagepng($img);
    imagedestroy($img);
?>
```

运行结果如图 6.8 所示。

图 6.8　imagefill() 函数示例

2. 绘制点和线

画点和线是绘制图像中最基本的操作，在 PHP 中，使用 imagesetpixel() 函数在画布中绘制一个单一像素的点，并且可以设置点的颜色，函数的语法格式如下：

```
imagesetpixel(resource $image, int $x, int $y, int $color)
```

该函数可以在第一个参数 $image 提供的画布中，在($x, $y)的坐标位置上，绘制一个颜色为 $color 的像素点。在实际开发中还可以通过循环和随机数的结合来绘制更多的像素点。

如果需要绘制一条线段，则可以使用 imageline() 函数，其语法格式如下：

```
imageline(resource $image, int $x1, int $y1, int $x2, int $y2, int $color)
```

该函数可以在 $image 提供的画布中,从坐标($x1,$y1)到坐标($x2,$y2)绘制一条颜色为 $color 的线段。

【例 6.6】 使用 imagesetpixel() 和 imageline() 函数在画布中绘制一些点和直线。

```php
<?php
    $img = imagecreatetruecolor(200, 100);
    $back = imagecolorallocate($img, 0, 0, 0);
    imagefill($img, 0, 0, $back);                    //填充黑色背景
    $blue = imagecolorallocate($img, 0, 0, 255);
    $red = imagecolorallocate($img, 255, 0, 0);
    for ($i=0; $i <= 50; $i++) {
        $color = imagecolorallocate($img, rand(0, 255), rand(0, 255), rand(0, 255));
        imagesetpixel($img, rand(0, 200), rand(0, 100), $color);
        imageline($img, rand(0, 200), rand(0, 100), rand(0, 200), rand(0, 100), $color);
    }
    header('Content-type:image/jpeg');
    imagejpeg($img);
    imagedestroy($img);
?>
```

运行结果如图 6.9 所示。

图 6.9 绘制随机的点和线

3. 绘制矩形

在 PHP 中可以使用 imagerectangle() 或者 imagefilledrectangle() 函数来绘制一个矩形,与 imagerectangle() 函数不同的是 imagefilledrectangle() 函数会在绘制完成后填充矩形,它们的语法格式如下:

```php
imagerectangle(resource $image, int $x1, int $y1, int $x2, int $y2, int $color)
imagefilledrectangle(resource $image, int $x1, int $y1, int $x2, int $y2, int $color)
```

这两个函数的功能类似,都是在 $image 画布中画一个矩形,矩形的左上角坐标为($x1,$y1),右下角坐标为($x2,$y2),不同的是 imagerectangle() 函数中的参数 $color 是用来设置矩形的边线颜色,而在 imagefilledrectangle() 中则是用来设置填充矩形颜色。

【例 6.7】 使用 imagerectangle() 和 imagefilledrectangle() 函数分别绘制一个矩形。

```php
<?php
    $img = imagecreatetruecolor(300, 150);
    $back = imagecolorallocate($img, 255, 255, 255);
    imagefill($img, 0, 0, $back);
```

```
    $green = imagecolorallocate($img, 0, 255, 0);
    $red = imagecolorallocate($img, 255, 0, 0);
    imagerectangle($img, 5, 5, 145, 145, $green);         //绿色边框
    imagefilledrectangle($img, 150, 5, 295, 145, $red);//红色填充
    header('Content-type:image/jpeg');
    imagejpeg($img);
    imagedestroy($img);
?>
```

运行结果如图 6.10 所示。

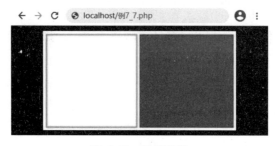

图 6.10　绘制矩形

4. 绘制多边形

在 PHP 中可以使用 imagepolygon（）函数来绘制一个多边形；也可以使用
imagefilledpolygon（）来绘制并填充一个多边形，它们的语法格式如下：

```
imagepolygon(resource $image, array $points, int $num_points, int $color)
imagefilledpolygon(resource $image, array $points, int $num_points, int $color)
```

这两个函数都是可以在画布 $image 中画一个多边形；第二个参数 $points 是一个数组，
包含了多边形的各个顶点坐标，例如 $points[0]＝x0，$points[1]＝y0，$points[2]＝x1，
$points[3]＝y1，依次类推；第三个参数 $num_points 用来设置多边形的顶点数，必须大于 3；
至于第四个参数，imagepolygon（）函数会使用 $color 颜色来指定多边形边线的颜色，而
imagefilledpolygon（）则是使用 $color 来填充多边形。

注意：$points 数组中的顶点坐标数（坐标是成对出现的）不得小于多边形的顶点数
（$num_points）。

【例 6.8】　使用 imagepolygon（）和 imagefilledpolygon（）函数结合随机数绘制随机的多
边形图像。

```
<?php
    $img = imagecreate(300, 150);
    imagecolorallocate($img, 255, 255, 255);
    $blue = imagecolorallocate($img, 0, 0, 255);
    $red = imagecolorallocate($img, 255, 0, 0);
    $points1 = array(
            155,35,
            250,15,
            295,56,
            233,115,
```

```
        185,77
    );
    $points2 = array(
        5,5,
        100,15,
        140,66,
        70,135,
        25,77
    );
    imagepolygon($img, $points1, rand(3, 5), $red);
    imagefilledpolygon($img, $points2, rand(3, 5), $blue);
    header('Content-type:image/jpeg');
    imagejpeg($img);
    imagedestroy($img);
?>
```

例 6.8 中代码分别定义了 5 个顶点坐标，随机一次运行结果如图 6.11 所示。

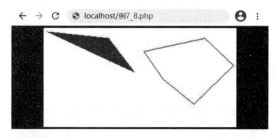

图 6.11　绘制随机的多边形

6.2.5　绘制文字

想要在图像中显示文字也需要按坐标位置画上去。在 PHP 中不仅支持多种的字体库，还提供了非常灵活的文字绘制方法。例如，在图像中绘制缩放、倾斜、旋转的文字等。常用的绘制文字的函数见表 6.3。

表 6.3　常用绘制文字函数

函　数　名	描　　述
imagestring()	水平绘制一行字符串
imagestringup()	垂直绘制一行字符串
imagechar()	水平绘制一个字符
imagecharup()	垂直绘制一个字符
imagettftext()	用 TrueType 字体向图像中写入文本

虽然这几个函数的功能有所差异，但调用方式是类似的，尤其是 imagestring()、imagestringup()、imagechar()以及 imagecharup()函数，它们的参数都是相同的，因此就不再分开介绍了，这些函数的语法格式如下：

```
imagestring(resource $image, int $font, int $x, int $y, string $s, int $color)
imagestringup(resource $image, int $font, int $x, int $y, string $s, int $col)
imagechar(resource $image, int $font, int $x, int $y, string $c, int $color)
imagecharup(resource $image, int $font, int $x, int $y, string $c, int $color)
```

使用这些函数可以在画布 $image 上，坐标为($x,$y)的位置，绘制字符串（或字符）$s，字符串的颜色为 $color，字体为 $font。如果 $font 是 1,2,3,4 或 5，则使用内置字体。

注意：这里的坐标是指字符串左上角坐标，整幅图像的左上角为坐标为(0,0)。

【例 6.9】 使用 imagestring()、imagestringup()、imagechar()和 imagecharup()函数在画布上绘制文字。

```php
<?php
    $str = 'Hello,PHP';
    $img = imagecreate(200, 100);
    imagecolorallocate($img, 255, 255, 255);
    $red = imagecolorallocate($img, 255, 0, 0);
    imagestring($img, 5, 0, 0, $str, $red);
    imagestringup($img, 2, 50, 80, $str, $red);
    imagechar($img, 3, 100, 50, $str, $red);
    imagecharup($img, 4, 100, 80, $str, $red);
    header('Content-type:image/jpeg');
    imagejpeg($img);
    imagedestroy($img);
?>
```

运行结果如图 6.12 所示。

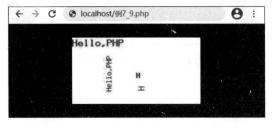

图 6.12　绘制文字

除了上面介绍的那些函数，PHP 中还提供了一个 imagettftext()函数，它可以使用 TrueType 字体（Windows 系统中扩展名为.ttf 格式的字体）向图像中写入文本，函数的语法格式如下：

```
imagettftext(resource $image, float $size, float $angle, int $x, int $y, int $color,
string $fontfile, string $text)
```

参数说明如下。

- $image：由图像创建函数（例如 imagecreatetruecolor()）返回的图像资源。
- $size：字体的尺寸。
- $angle：角度制表示的角度，0 度为从左向右读的文本，数值越高则表示将文本进行逆时针旋转。例如 90 度表示从下向上读的文本。
- $x、$y：表示文本中第一个字符的坐标点（大概是字符左下角的位置），注意，这和 imagestring()不同。
- $color：用来设置文本的颜色。
- $fontfile：是要使用的 TrueType 字体文件的路径。
- $text：UTF-8 编码的文本字符串。

【**例 6.10**】　使用 imagettftext() 函数在图像上绘制字符。

```php
<?php
    $str1 = '你好,PHP';
    $font = 'C:\Windows\Fonts\simhei.ttf';
    $img = imagecreate(300, 150);
    imagecolorallocate($img, 255, 255, 255);
    $black = imagecolorallocate($img, 0, 0, 0);
    imagettftext($img, 16, 0, 100, 20, $black, $font, $str1);
    imagettftext($img, 16, 90, 150, 130, $black, $font, $str1);
    imagettftext($img, 16, 135, 260, 90, $black, $font, $str1);
    imagettftext($img, 16, 45, 40, 100, $black, $font, $str1);
    header('Content-type:image/jpeg');
    imagejpeg($img);
    imagedestroy($img);
?>
```

运行结果如图 6.13 所示。

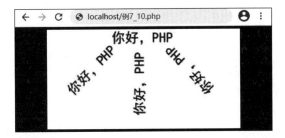

图 6.13　使用 imagettftext() 绘制文本

6.3　设计验证码

验证码为全自动区分计算机和人类的图灵测试的缩写,是一种区分用户是计算机和人类的公共全自动程序。验证码主要应用场景:登录、注册确定前,发布、回复信息前,疑似机器请求时,做人/机校验。本节通过设计一个数字验证码图片,把各个函数的用法综合起来。

【**例 6.11**】　第一步:画一个 100×40 的图像区域。

```php
<?php
    //设定标头指定 MIME 输出类型为图片
    header('Content-type: image/jpeg');
    //新建 100*40 的图像
    $im = imagecreatetruecolor(100, 40);
    //为 im 分配一个颜色,浅一点的颜色 RGB 取值为(200,200,200)
    $bgColor= imagecolorallocate($im, 200, 200, 200);
    //使用颜色 color 填充 im 图像
    imagefill($im, 0, 0, $bgColor);
    //清空缓存,否则有可能看不到图像
    ob_clean();
    //生成图像
    imagejpeg($im);
```

```
      //释放内存
      imagedestroy($im);
?>
```

运行结果如图 6.14 所示。

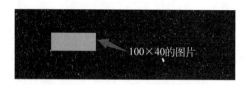

图 6.14　100×40 的图像区域

【例 6.12】　第二步：在图片区域内随机画 300 个像素点作为干扰源。

```
<?php
      //设定标头指定 MIME 输出类型为图片
      header('Content-type: image/jpeg');
      //新建 100*40 的图像
      $im = imagecreatetruecolor(100, 40);
      //为 im 分配一个颜色,浅一点的颜色
      $bgColor = imagecolorallocate($im, 200, 200, 200);
      //使用颜色 color 填充 im 图像
      imagefill($im, 0, 0, $bgColor);
      //设置像素点的颜色,稍微深一些的颜色
      $pixColor = imagecolorallocate($im, 217, 83, 167);
      //循环绘制 300 个像素点
      for ($i=0; $i <300 ; $i++) {
          $pixX = rand(0,100);                    //像素点在图像上的 x 坐标
          $pixY = rand(0,40);                     //像素点在图像上的 y 坐标
          imagesetpixel($im, $pixX, $pixY, $pixColor);
      }
      //清空缓存
      ob_clean();
      //生成图像
      imagejpeg($im);
      //释放内存
      imagedestroy($im);
?>
```

运行结果如图 6.15 所示。

图 6.15　增加干扰像素点

【例 6.13】　第三步：在图片区域内随机填充 5 条直线作为干扰源。

```
<?php
      //设定标头指定 MIME 输出类型为图片
      header('Content-type: image/jpeg');
```

```php
//新建 100*40 的图像
$im = imagecreatetruecolor(100, 40);
//为 img 分配一个颜色,浅一点的颜色
$bgColor = imagecolorallocate($im, 200, 200, 200);
//使用颜色 color 填充 img 图像
imagefill($im, 0, 0, $bgColor);
//设置像素点的颜色,稍微深一些的颜色
$pixColor = imagecolorallocate($im, 217, 83, 167);
//循环绘制 300 个像素点
for ($i=0; $i <300 ; $i++) {
    $pixX = rand(0,100);                    //像素点在图像上的 x 坐标
    $pixY = rand(0,40);                     //像素点在图像上的 y 坐标
    imagesetpixel($im, $pixX, $pixY, $pixColor);
}
//设置直线的颜色
$lineColor = imagecolorallocate($im, 100, 100, 100);
//循环绘制 5 条直线,设定每条直线起点在图像的左半边,终点在图像的右半边
for ($i=0; $i < 5; $i++) {
    $x1 = rand(0,100/2);
    $y1 = rand(0,40);
    $x2 = rand(100/2,100);
    $y2 = rand(0,40);
    imageline($im, $x1, $y1, $x2, $y2, $lineColor);
}
//清空缓存
ob_clean();
//生成图像
imagejpeg($im);
//释放内存
imagedestroy($im);
?>
```

运行结果如图 6.16 所示。

图 6.16 增加干扰直线

【例 6.14】 第四步:在图像区域填充随机验证码,设定验证码为 4 位 0～9 的数字。

```php
<?php
//设定标头指定 MIME 输出类型为图片
header('Content-type: image/jpeg');
//新建 100*40 的图像
$im = imagecreatetruecolor(100, 40);
//为 img 分配一个颜色,浅一点的颜色
$bgColor = imagecolorallocate($im, 200, 200, 200);
//使用颜色 color 填充 img 图像
imagefill($im, 0, 0, $bgColor);
//设置像素点的颜色,稍微深一些的颜色
$pixColor = imagecolorallocate($im, 217, 83, 167);
```

```php
//循环绘制 300 个像素点
for ($i=0; $i <300 ; $i++) {
    $pixX = rand(0,100);                        //像素点在图像上的 x 坐标
    $pixY = rand(0,40);                         //像素点在图像上的 y 坐标
    imagesetpixel($im, $pixX, $pixY, $pixColor);
}
//设置直线的颜色
$lineColor = imagecolorallocate($im, 100, 100, 100);
//循环绘制 5 条直线,设定每条直线起点在图像的左半边,终点在图像的右半边
for ($i=0; $i < 5; $i++) {
    $x1 = rand(0,100/2);
    $y1 = rand(0,40);
    $x2 = rand(100/2,100);
    $y2 = rand(0,40);
    imageline($im, $x1, $y1, $x2, $y2, $lineColor);
}
//设置验证码的颜色
$strCodeColor = imagecolorallocate($im, 138, 38, 83);
$elements = ['0','1','2','3','4','5','6','7','8','9'];
//存放 4 位验证码
$strCode = '';
//从数组 elements 中随机组合 4 位数字
for ($i=0; $i < 4; $i++) {
    $index = rand(0,count($elements)-1);
    $strCode = $strCode.$elements[$index];
}
//把验证码绘制到图片的 (30,10) 坐标处
imagestring($im, 5, 30, 10, $strCode, $strCodeColor);
//清空缓存
ob_clean();
//生成图像
imagejpeg($im);
//释放内存
imagedestroy($im);
?>
```

运行结果如图 6.17 所示。

图 6.17　绘制验证码

通过例 6.14 的运行结果可以看出,我们成功的生成了验证码图片,接下来只需要把它引用到网页中的指定位置就可以了。

【例 6.15】　设计页面 index. html。

```html
<!DOCTYPE html>
<html lang="en">
```

```
<head>
    <meta charset="UTF-8">
    <title></title>
</head>
<body>
    <img src="code.php" id="refresh" onclick="this.src='code.php?'+Math.random()">
    <a href="javacript:;" onclick="document.getElementById('refresh').src='code.php?'+Math.random();">换一张</a>
</body>
</html>
```

例 6.15 的代码与生成验证码的代码是分开的,运行代码,效果如图 6.18 所示。

图 6.18 网页中引入验证码

6.4 文字/图片水印

为了本人标注出处或者防止别人盗图、造假等,保护图片原作者的著作权,一般会在图片上添加水印,图片上的水印一般分为文字、图片或是两种的结合。本节通过在图片上添加水印介绍一些函数的用法。

准备工作:①在自己的网站根目录下新建 images 文件夹,然后在里面存放一张图片素材;②在网站根目录下新建 font 文件夹,在里面存放字体文件,之后添加的水印会用到中英文字符串,所以这里使用了中文和英文两种字体文件,这里用到的字体文件都是 Windows 系统自带的字体文件,如图 6.19 所示。

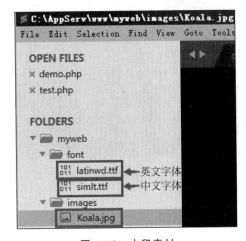

图 6.19 水印素材

6.4.1 英文字符串水印

在图片上加上英文字符串水印示例见例 6.16。

【例 6.16】 英文字符串水印。

```php
<?php
    //设置在浏览器直接输出图像资源
    header('Content-Type: image/jpeg');
    //清空输出缓冲区的内容
    ob_clean();
    //打开图像资源,这里可以使用相对路径
    $im = imagecreatefromjpeg("images/Koala.jpg");
    $size = 50;      //字体大小,一般为像素
    $angle = 0;      //角度制表示的角度,逆时针顺序,0 度为从左向右读的文本,90 度表示从下向上
                       读的文本
    $x = 100;        //由 x、y 所表示的坐标定义了第一个字符的基本点(大概是字符的左下角)
    $y = 200;        //y 坐标。它设定了字体基线的位置,注意不是字符的最底端
    $color = imagecolorallocate($im, 255, 0, 0); //字体颜色
    $fontfile = realpath('./font/latinwd.ttf'); //指定字体文件。注意,新的 GD 版本要使
                                                    用绝对路径
    $text = "Koala";                          //输出的内容
    //调用函数在图像上输出水印
    imagefttext($im, $size, $angle, $x, $y, $color, $fontfile, $text);
    //输出图像到浏览器
    imagejpeg($im);
    //释放内存,销毁图像
    imagedestroy($im);
?>
```

例 6.16 在图片 Koala.jpg 上用指定的英文字体文件 latinwd.tff,输出 Koala 字符串在坐标(100,200)的位置,运行结果图 6.20 所示。

图 6.20   英文字符串水印示例

6.4.2   中文字符串水印

如果要在图片上加上中文水印,需要使用 header()函数指定网页编码为 UTF-8,同时需要使用中文字体文件。

【例 6.17】 在图片上输出中文"可爱的考拉"。

```php
<?php
```

```
//设置在浏览器直接输出图像资源,指定网页编码为 utf-8
header('Content-Type: image/jpeg;charset=utf-8');
//清空输出缓冲区的内容
ob_clean();
//打开图像资源,这里可以使用相对路径
$im = imagecreatefromjpeg("images/Koala.jpg");
$size = 50;   //字体大小,一般为像素
$angle = 0;   //角度制表示的角度,逆时针顺序,0 度为从左向右读的文本,90 度表示从下向上读
              的文本
$x = 100;     //由 x、y 所表示的坐标定义了第一个字符的基本点(大概是字符的左下角)
$y = 200;     //y 坐标。它设定了字体基线的位置,注意不是字符的最底端
$color = imagecolorallocate($im, 255, 0, 0); //字体颜色
$fontfile = realpath('./font/simlt.ttf');    //指定字体文件,这里使用的是中文隶书
                                             字体
$text = "可爱的考拉";                        //输出的内容
//调用函数在图像上输出水印
imagefttext($im, $size, $angle, $x, $y, $color, $fontfile, $text);
//输出图像到浏览器
imagejpeg($im);
//释放内存,销毁图像
imagedestroy($im);
?>
```

运行结果如图 6.21 所示。

图 6.21　中文字符串水印示例

6.4.3　指定水印位置

例 6.16 和例 6.17 水印的位置是随意写在了图片中间,下面示例指定水印的位置显示在图片的右下角。

注意:imagefttext()使用(x,y)参数指定输出水印的位置时,这里的(x,y)指的是第一个字符的基线点(大概是字符的左下角,具体取决于所使用的字体是如何设计的)。因此,需要计算出来水印的第一个字符在图像中的位置。

imagettfbbox()函数可以计算并返回一个包围着 TrueType 文本范围的虚拟方框的大小,函数语法格式如下:

```
imagettfbbox ( float $size , float $angle , string $fontfile , string $text )
```

该函数计算并返回一个包围着 TrueType 文本范围的虚拟方框的像素大小,返回一个含有 8 个单元的数组表示了文本外框的四个角:

0   左下角 x 位置。

1   左下角 y 位置。

2   右下角 x 位置。

3   右下角 y 位置。

4   右上角 x 位置。

5   右上角 y 位置。

6   左上角 x 位置。

7   左上角 y 位置。

数据位置关系如图 6.22 所示。

图 6.22   数组元素对应坐标位置

这样,只需要用数组 2 元素的值减去数组 1 元素的值,就可以得到水印字符串的宽度,进而用整个图像的宽度减去水印的宽度,就得到了水印在右下角的 x 坐标位置。

【**例 6.18**】   imagettfbbox() 示例:指定文字水印位置。

```php
<?php
    header('Content-Type: image/jpeg;charset=utf-8');
    ob_clean();
    $im = imagecreatefromjpeg("images/Koala.jpg");
    $size = 50; //字体大小,一般为像素
    $angle = 0; //角度制表示的角度,逆时针顺序,0 度为从左向右读的文本,90 度表示从下向上读
                 的文本
    $color = imagecolorallocate($im, 255, 0, 0); //字体颜色
    $fontfile = realpath('./font/simlt.ttf');    //中文隶书字体
    $text = "可爱的考拉";                          //输出的内容
    $position = imagettfbbox($size, $angle, $fontfile, $text);
                                           //得到包围着水印文字的虚拟方框的像素大小
    $w = $position[2]-$position[0];            //得到水印文字的宽度
    $imgWidth = imagesx($im);                   //图像的宽度
    $imgHeight = imagesy($im);                  //图像的高度
    $x = $imgWidth-$w;                          //水印在图像右下角的坐标 x
    $y = $imgHeight;                            //水印在图像右下角的坐标 y
    //调用函数在图像上输出水印
    imagefttext($im, $size, $angle, $x, $y, $color, $fontfile, $text);
    //输出图像到浏览器
    imagejpeg($im);
    //释放内存,销毁图像
    imagedestroy($im);
?>
```

运行结果如图 6.23 所示。

图 6.23 指定文字水印位置

6.4.4 图片水印

图片水印是把一个图片放置到另外一个图片上,图片水印一般都是透明的 Logo 图片,这里准备了一张透明的图片,图片内容是一行文字"保护野生动物 爱护地球家园",我们把这个透明图片放到考拉图片上。

使用文字做水印,只需要在图片上画上一些文字即可。如果制作图片水印,就需要先了解一下 PHP 中的 imagecopy()函数,该函数能复制图像的一部分,语法格式如下:

```
imagecopy(resource $dst_im, resource $src_im, int $dst_x, int $dst_y, int $src_x, int
$src_y, int $src_w, int $src_h)
```

该函数可以将 src_im 图像中坐标(src_x, src_y)的位置,复制一份宽度为 src_w、高度为 src_h 的矩形区域到 dst_im 图像中坐标为(dst_x, dst_y)的位置上。

注意:这里的(dst_x, dst_y)坐标位置,表示的是 src_im 图像的左上角坐标位置。

要使用图片水印,就需要明确水印图片的宽度和高度,除了可以使用 getimagesize()函数外,还可以使用 imagesx()和 imagesy()函数来分别获取图片的宽度和高度。

```
imagesx(resource $image)
imagesy(resource $image)
```

【**例 6.19**】 把 Logo 图片复制到考拉图片的(100,200)位置处。

```php
<?php
    header('Content-Type: image/jpeg;charset=utf-8');
    ob_clean();
    $im = imagecreatefromjpeg("images/Koala.jpg");
    $im2 = imagecreatefrompng("images/logo.png");
    $dst_im = $im;                              //目标图像
    $src_im = $im2;                             //源图像
    $dst_x = 100;                               //源图像在目标图像的坐标 x
    $dst_y = 200;                               //源图像在目标图像的坐标 y
    $src_x = 0;                                 //从源图像的坐标 x 处开始复制
    $src_y = 0;                                 //从源图像的坐标 y 处开始复制
    $src_w = imagesx($im2);                     //要复制的源图像宽度
    $src_h = imagesy($im2);                     //要复制的源图像高度
```

```
            //这里从(0,0)开始,复制整个Logo图片的宽度和高度,就表示把Logo整个复制到目标图像上
            imagecopy($dst_im, $src_im, $dst_x, $dst_y, $src_x, $src_y, $src_w, $src_h);
            //输出图像到浏览器
            imagejpeg($im);
            //释放内存,销毁图像
            imagedestroy($im);
        ?>
```

运行结果如图 6.24 所示。

图 6.24　图片水印示例

【例 6.20】　把 Logo 图片水印放在考拉图片的右下角。

```
<?php
    header('Content-Type: image/jpeg;charset=utf-8');
    ob_clean();
    $im = imagecreatefromjpeg("images/Koala.jpg");
    $im2 = imagecreatefrompng("images/logo.png");
    $dst_im = $im;                              //目标图像
    $src_im = $im2;                             //源图像
    $imgWidth = imagesx($im);                   //目标图像的宽度
    $imgHeight = imagesy($im);                  //目标图像的高度
    $w = imagesx($im2);                         //Logo图像的宽度
    $h = imagesy($im2);                         //Logo图像的高度
    $x = $imgWidth-$w;                          //水印在图像右下角的坐标 x
    $y = $imgHeight-$h;                         //水印在图像右下角的坐标 y
    $dst_x = $x;                                //源图像在目标图像的坐标 x
    $dst_y = $y;                                //原图像在目标图像的坐标 y
    $src_x = 0;                                 //从源图像的坐标 x 处开始复制
    $src_y = 0;                                 //从源图像的坐标 y 处开始复制
    $src_w = imagesx($im2);                     //要复制的源图像宽度
    $src_h = imagesy($im2);                     //要复制的源图像高度
    //这里从(0,0)开始,复制整个Logo图片的宽度和高度,就表示把Logo整个复制到目标图像上
    imagecopy($dst_im, $src_im, $dst_x, $dst_y, $src_x, $src_y, $src_w, $src_h);
    //输出图像到浏览器
    imagejpeg($im);
    //释放内存,销毁图像
    imagedestroy($im);
?>
```

运行结果如图 6.25 所示。

图 6.25 指定图片水印位置

6.5 缩放与裁剪

图像是网站中主要的内容展现方式之一。当图片上传到服务器时,为了节省存储空间,往往需要将图片进行压缩,同时也可以提高网页加载的速度。压缩通常是指将图片按比例进行缩放,以此来减少图片的体积。

实际开发中,一般在上传图片时就需要对图片进行压缩操作,可以使用 imagecopyresampled() 函数进行图片压缩,该函数可以重采样,复制部分图像并调整大小,函数语法格式如下:

```
imagecopyresampled ( resource $dst_image , resource $src_image , int $dst_x , int
$dst_y , int $src_x , int $src_y , int $dst_w , int $dst_h , int $src_w , int $src_h )
: bool
```

imagecopyresampled()可以将一幅图像中的一块矩形区域复制到另一个图像中,具体来说,可以从图像 $src_image 的($src_x, $src_y)位置,截取一个宽为 $src_w、高为 $src_h 的矩形区域,并将其复制到图像 $dst_image 中的($dst_x, $dst_y)处宽为 $dst_w 高为 $dst_h 的矩形区域中。该函数即使减小了图像的大小仍然能保持较高的清晰度,可以方便地实现图片的缩放或裁剪。

【例 6.21】 实现图片的等比例缩小,并把缩略图和源图在同一张图片上显示。

```php
<?php
    header('Content-Type: image/jpeg;charset=utf-8');
    ob_clean();
    //打开要缩小的源图
    $im = imagecreatefromjpeg("images/Koala.jpg");
    //得到源图的宽和高
    $imWidth = imagesx($im);
    $imHeight = imagesy($im);
    //设定目标图像的宽度
    $w = 100;
    //计算等比例得到目标图像的高度
    $h = ceil($w * $imHeight/$imWidth);
```

```
//创建目标图像
$im2 = imagecreatetruecolor($w,$h);
//调用函数把源图像等全部复制到目标图像上,实现缩略效果
imagecopyresampled($im2, $im, 0, 0, 0, 0, $w, $h, imagesx($im), imagesy($im));
//新建图像,用来显示源图像和缩略后的图像
$image = imagecreatetruecolor(1000, 500);
//调用 imagecopy 函数把源图像和缩略图像都复制到新的图像中
imagecopy($image, $im, 0, 0, 0, 0, $imWidth, $imHeight);
imagecopy($image, $im2, $imWidth+20, 0, 0, 0, $w, $h);
//输出图像到浏览器
imagejpeg($image);
//释放内存,销毁图像
imagedestroy($image);
imagedestroy($im2);
imagedestroy($im);
?>
```

运行结果如图 6.26 所示。

图 6.26 图片缩放示例

实训:实现登录页面的验证码生成功能

要求:实现生成验证码图像功能(见图 6.27),并实现单击验证码能更新验证码。

登录名：		
密码：		
验证码：		4591
登录		

图 6.27 验证码

参考代码如下。

1. 登录页面 login.php

```
<!DOCTYPE html>
<html>
<head>
    <meta charset="utf-8">
```

```
<title>产品管理系统</title>
<style type="text/css">
    table {
        width: 40%;
        background: #ccc;
        margin: 10px auto;
        border-collapse: collapse;
    }
    th,td {
        height: 25px;
        line-height: 25px;
        /*text-align: center;*/
        border: 1px solid #ccc;
        font-size: 16px;
    }
    tr {
        background: #fff;
    }
</style>
<script src="https://cdn.staticfile.org/jquery/1.10.2/jquery.min.js">
</script>
</head>
<body>
    <table>
        <tr>
            <td>登录名：</td><td><input type="text" id="username" name=
"username"></td>
        </tr>
        <tr>
            <td>密码：</td><td><input type="password" id="userpass" name=
"userpass"></td>
        </tr>
        <tr>
            <td>验证码：</td>
            <td><input type="text" id="verifyimgcode" name="verifyimgcode">
                <img src="verifyimgcode.php" onclick="this.src='verifyimgcode.
php?' + Math.random();"></td>
        </tr>
        <tr>
            <td> </td>
            <td><input type="button" value="登录" id="btLogin"><span id="msg">
</span></td>
        </tr>
    </table>
</body>
</html>
```

2. 验证码图片生成页面 verifyimgcode.php

```php
<?php
    session_start();
```

```php
//设定标头指定 MIME 输出类型为图片
header('Content-type: image/jpeg');
//新建 100*40 的图像
$codeH = 20;
$codeW = 50;
$im = imagecreatetruecolor($codeW, $codeH);
//为 img 分配一个颜色,浅一点的颜色
$bgColor = imagecolorallocate($im, 200, 200, 200);
//使用颜色 color 填充 img 图像
imagefill($im, 0, 0, $bgColor);
//设置像素点的颜色,稍微深一些的颜色
$pixColor = imagecolorallocate($im, 217, 83, 167);
//循环绘制 300 个像素点
for ($i=0; $i <50 ; $i++) {
    $pixX = rand(0, $codeW);                 //像素点在图像上的 x 坐标
    $pixY = rand(0, $codeH);                 //像素点在图像上的 y 坐标
    imagesetpixel($im, $pixX, $pixY, $pixColor);
}
//设置直线的颜色
$lineColor = imagecolorallocate($im, 100, 100, 100);
//循环绘制 5 条直线,设定每条直线起点在图像的左半边,终点在图像的右半边
for ($i=0; $i < 5; $i++) {
    $x1 = rand(0, $codeW/2);
    $y1 = rand(0, $codeH);
    $x2 = rand($codeW/2, $codeW);
    $y2 = rand(0, $codeH);
    imageline($im, $x1, $y1, $x2, $y2, $lineColor);
}
//设置验证码的颜色
$strCodeColor = imagecolorallocate($im, 138, 38, 83);
$elements = ['0','1','2','3','4','5','6','7','8','9'];
//存放 4 位验证码
$strCode = '';
//从数组 elements 中随机组合 4 位数字
for ($i=0; $i < 4; $i++) {
    $index = rand(0,count($elements)-1);
    $strCode = $strCode.$elements[$index];
}
//把验证码存储在 session 中
$_SESSION['code']=$strCode;
//把验证码绘制到图片的(5,2)坐标处
imagestring($im, 5, 5, 2, $strCode, $strCodeColor);
//清空缓存
ob_clean();
//生成图像
imagejpeg($im);
//释放内存
imagedestroy($im);
?>
```

7.1 会话控制

会话就是用户通过浏览器和服务器的一次通话。

因为 HTTP 是无状态的协议,即 HTTP 协议没有一个内建机制来维护两个事物间的状态,用户在请求一个页面之后再请求另一个页面时,HTTP 无法区分这两个请求是否来自同一用户,所以没办法跟踪用户和保持状态。

要做到区分不同用户的请求,就需要进行会话控制,基于 cookie 和 session 技术的会话控制就是解决这个问题的。实现了会话控制,就可以根据其授权级别和个人爱好来显示对应的内容,如大家上网时会被推送自己感兴趣的新闻、商品广告等,也可以根据会话控制记录用户的行为,例如电子商务网站常见的购物车功能。

7.2 cookie 技术

7.2.1 什么是 cookie

cookie 是一种能够让网站服务器把少量数据存储到客户端的硬盘或内存,或是从客户端的硬盘读取数据的一种技术。cookie 是当用户浏览某网站时,由 Web 服务器置于硬盘上的一个非常小的文本文件,它可以记录用户 ID、密码、浏览过的网页、停留的时间等信息。当再次来到该网站时,网站通过读取 cookie,得知用户的相关信息,就可以做出相应的动作,如在页面显示欢迎的标语,或者让用户不用输入 ID、密码就直接登录等。

目前各大正规的浏览器都支持 cookie 功能,虽然每种浏览器都可以存储 cookie 数据,但各个浏览器之间的 cookie 数据不能共享。

下面以 IE 浏览器为例查看 cookie 数据,cookie 文件位置是:工具→Internet 选项→设置→Internet 临时文件→查看文件,如图 7.1 和图 7.2 所示。

7.2.2 cookie 工作原理

cookie 是浏览器的一种技术,是允许服务器端脚本在浏览器端存取数据的一种技术。虽然数据存储在浏览器,但是浏览器并不能决定存储什么,是服务器通过向浏览器发送指令,来管理存储在浏览器端的 cookie 数据。

cookie 定义了一些 HTTP 请求头和 HTTP 响应头,通过这些 HTTP 头信息使服务器可以与客户进行状态交互。

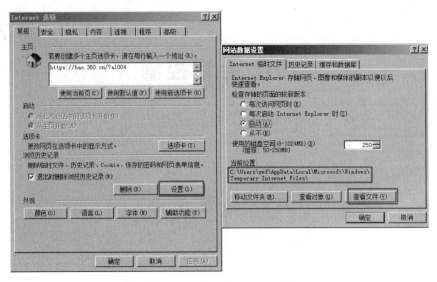

图 7.1 IE 中查看 cookie 文件

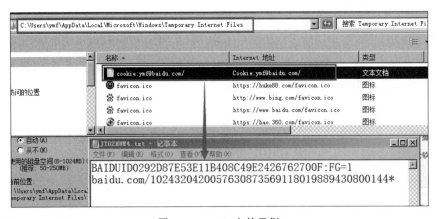

图 7.2 cookie 文件示例

cookie 工作原理如图 7.3 所示,客户端请求服务器后,如果服务器需要记录用户状态,服务器会在响应信息中包含一个 set-cookie 的响应头,客户端会根据这个响应头存储 cookie 信息。再次请求服务器时,客户端会在请求信息中包含一个 cookie 请求头,而服务器会根据这个请求头进行用户身份、状态等校验。

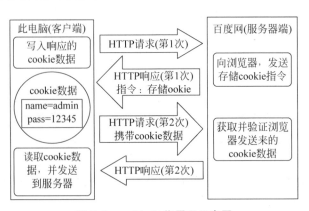

图 7.3 cookie 工作原理示意图

7.2.3 cookie 操作

PHP 通过 setcookie()函数进行 cookie 的设置,任何从浏览器发回的 cookie,PHP 都会自动将其存储在 $_COOKIE 的全局变量之中,因此可以通过 $_COOKIE['key']的形式来读取某个 cookie 值。

1. 添加 cookie 数据

PHP 中使用 setcookie()函数向浏览器发送 cookie 信息。
setcookie()格式如下:

setcookie (string $name [, string $value = "" [, int $expire = 0]]) : bool

setcookie()函数共有 7 个参数,以下是常用的 3 个。

- name:cookie 名称,可以通过 $_COOKIE['name'] 进行访问。
- value:cookie 值,类型只能是标量数据类型。
- expire:过期时间,为 UNIX 时间戳格式,默认为 0,表示浏览器关闭即失效。

【例 7.1】 添加 cookie 数据。

```php
<?php
    //添加 cookie 数据
    setcookie("username","admin");
    setcookie("userpass","123",time()+3600); //当前时间加 3600 秒,即一小时后过期
?>
```

cookie 数据在服务器生成,并回传给浏览器,存储在浏览器所设定的 cookie 数据区。

查看第一次请求访问信息(这里使用的是 Chrome 浏览器查看网络信息,按 F12 键进入开发者工具,选择 Network 模块),如图 7.4 所示。

2. 读取 cookie 数据

PHP 通过 setcookie()函数进行 cookie 的设置,任何从浏览器发回的 cookie,PHP 都会自动将其存储在 $_COOKIE 的全局变量之中,因此我们可以通过 $_COOKIE['key']的形式来读取某个 cookie 值。

【例 7.2】 读取 cookie 数据。

```php
<?php
    //获取 cookie 中用户名和密码
    echo "用户名:".$_COOKIE['username']."<br/>";
    echo "密码:".$_COOKIE['userpass']."<br/>";
    //打印$_COOKIE 全局数组
    print_r($_COOKIE);
?>
```

运行结果为

用户名:admin
密码:123
Array ([userpass] => 123 [username] => admin)

▼ **Request Headers**   view source

Accept: text/html,application/xhtml+xml,application/xml;q=0.9,image/webp,image/apng,*/*;

Accept-Encoding: gzip, deflate, br

Accept-Language: zh-CN,zh;q=0.9

Connection: keep-alive

Host: localhost

Referer: http://localhost/myweb/   第一次请求,没有cookie信息带到服务器

Sec-Fetch-Dest: document

Sec-Fetch-Mode: navigate

Sec-Fetch-Site: same-origin

Sec-Fetch-User: ?1

Upgrade-Insecure-Requests: 1

User-Agent: Mozilla/5.0 (Windows NT 6.1; Win64; x64) AppleWebKit/537.36 (KHTML, like Gec

▼ **Response Headers**   view source

Connection: Keep-Alive

Content-Length: 0

Content-Type: text/html; charset=UTF-8

Date: Mon, 16 Mar 2020 08:33:05 GMT

Keep-Alive: timeout=5, max=100

Server: Apache/2.4.41 (Win64) OpenSSL/1.1.1c PHP/7.3.10

Set-Cookie: username=admin   第一次响应,设置cookie信息

Set-Cookie: userpass=123; expires=Mon, 16-Mar-2020 09:33:05 GMT; Max-Age=3600

X-Powered-By: PHP/7.3.10

图 7.4   查看第一次请求访问信息

查看第二次请求访问信息如图 7.5 所示。

▼ **Request Headers**   view source

Accept: text/html,application/xhtml+xml,application/xml;q=0.9,image/webp,image/apng,*/*;

Accept-Encoding: gzip, deflate, br

Accept-Language: zh-CN,zh;q=0.9

Connection: keep-alive

Cookie: username=admin; userpass=123   第二次请求,携带cookie信息

Host: localhost

Referer: http://localhost/myweb/

Sec-Fetch-Dest: document

Sec-Fetch-Mode: navigate

Sec-Fetch-Site: same-origin

Sec-Fetch-User: ?1

Upgrade-Insecure-Requests: 1

User-Agent: Mozilla/5.0 (Windows NT 6.1; Win64; x64) AppleWebKit/537.36 (KHTML, like Geck

▼ **Response Headers**   view source

Connection: Keep-Alive   第二次响应,因为代码里没有设置cookie

Content-Length: 95   的指令,所以响应头中没有cookie信息

Content-Type: text/html; charset=UTF-8

Date: Mon, 16 Mar 2020 09:13:50 GMT

Keep-Alive: timeout=5, max=100

Server: Apache/2.4.41 (Win64) OpenSSL/1.1.1c PHP/7.3.10

X-Powered-By: PHP/7.3.10

图 7.5   查看第二次请求访问信息

提示：JavaScript 也可以读取 cookie 数据，会弹窗显示 cookie 信息，语句为

```
window.alert(document.cookie);
```

3. 删除 cookie 数据

要删除一个已经存在的 cookie，有以下两个方法。

（1）设置 cookie 有效期为过去的某一个时间。

（2）设置 cookie 的值为 false 或者空字符串。

例如，删除 username 的信息可以使用以下三种形式：

```
setcookie("username","admin",time()-1);
setcookie("username","");
setcookie("username",false);
```

7.2.4 cookie 注意事项

cookie 常见注意事项如下。

（1）setcookie()之前不能有任何 html 输出，即使空格、空白行也不行，且必须在 html 文件的内容输出前设置。

（2）使用 setcookie()在当前页调用 echo $_COOKIE["name"]不会有输出，必须刷新或到下一个页面才可以看到 cookie 值。

（3）不同浏览器对 cookie 处理不同。客户端可以禁用 cookie，浏览器也会限制 cookie 的数量。一个浏览器能创建的 cookie 数量最多为 300 个，并且每个不能超过 4KB，每个 Web 站点能设置的 cookie 总数不能超过 20 个。

（4）cookie 是保存在客户端的，用户有可能禁用 cookie，因此，要避免过度依赖 cookie，使用 cookie 时要先做好 cookie 被禁用时的解决方案。

7.3 session 技术

7.3.1 什么是 session

前面介绍了 cookie 可以让服务端程序跟踪每个客户端的访问，但是每次客户端的访问都必须传回这些 cookie，如果 cookie 过多，就无形地增加了客户端与服务端的数据传输量，为了解决这个问题，session 就出现了。

session 是一种服务器端的机制，服务器使用一种类似于散列表的结构来保存信息。相比于保存在客户端的 cookie，session 将用户交互信息保存在服务器端，使同一个客户端和服务端交互时，不需要每次都传回所有的 cookie 值，而只需要传回一个 ID，这个 ID 是客户端第一次访问服务器时生成的，而且每个客户端是唯一的。这样就实现了使用一个 ID 就可以在服务器取得所有的用户交互信息。

7.3.2 session 工作原理

session 工作原理如图 7.6 所示，session 是在客户端与服务器交互的过程中，由服务器创

建的,并且会返回一个 session 的 ID 标识符给客户端,一个会话只能有一个 session 对象,一个 session 对象只能有一个 sessionID。在此后的交互过程中,客户端在请求中会携带这个 ID,服务器可根据此 sessionID 获取对应的保存在服务器内存中的 session 内容,用于识别用户并提取用户信息。

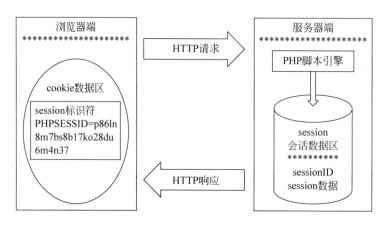

图 7.6　session 工作原理示意图

7.3.3　session 操作

1. 开启 session 会话功能

session 的设置不同于 cookie,必须先启动,在 PHP 中调用 session_start()。session_start() 函数的语法格式如下:

```
bool session_start(void)
```

创建 session,开始一个会话,进行 session 初始化。注意,调用 session_start()函数之前不能有任何输出。

当第一次访问网站时,session_start()函数就会创建一个唯一的 sessionID,并自动通过 HTTP 的响应头,将这个 sessionID 保存到客户端 cookie 中。同时,也在服务器端创建一个以 sessionID 命名的文件,用于保存这个用户的会话信息。当同一个用户再次访问这个网站时,也会自动通过 HTTP 的请求头将 cookie 中保存的 sessionID 携带过来,这时 session_start() 函数就不会再去分配一个新的 sessionID,而是在服务器的硬盘中寻找和这个 sessionID 同名的 session 文件,读出之前为这个用户保存的会话信息,在当前脚本中应用,达到跟踪用户的目的。

session 文件的存储路径可以通过配置文件 php.ini 中的 session.save_path 参数获取,以本书 PHP 开发环境为例,session 文件存储位置如图 7.7 所示。

【例 7.3】　打开浏览器第一次执行开启 session 操作。

```php
<?php
    //产生新的 sessionID 或重新使用传递过来的 sessionID
    session_start();
?>
```

以上代码服务器会生成 sessionID,并向客户端发送 sessionID,客户端以 cookie 的方式存

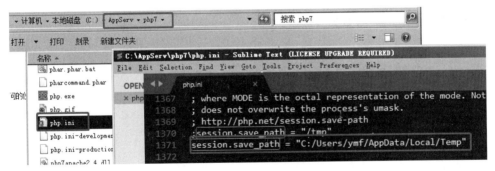

图 7.7　session 文件存储位置

储,服务端生成以 sessionID 为文件名的文件,此时,该 session 文件内容是空的。可以通过浏览器的开发者模式查看响应信息,如图 7.8 所示。

图 7.8　查看 session 请求响应信息

2. session 数据的设置与读取

PHP 中对 session 对象的管理,是通过超全局数组 $_SESSION 来实现的。其格式为

$_SESSION[$sessionName]

【例 7.4】　设置 session 数据,在全局数组中存储 username 和 password 的值。

```php
<?php
    //产生新的 sessionID 或重新使用传递过来的 sessionID
    session_start();
    //添加 session 数据
    $_SESSION['username']="admin";
    $_SESSION['password']="123456";
?>
```

执行完后,username 和 password 就被写入 session 文件中,如图 7.9 所示。

图 7.9　设置 session 数据

【例 7.5】 读取 session 数据。

```php
<?php
    //产生新的 sessionID 或重新使用传递过来的 sessionID
    session_start();
    //读取 session 数据
    echo $_SESSION['username']."<br/>";
    echo $_SESSION['password']."<br/>";
    print_r($_SESSION);
?>
```

客户端请求时会通过携带 cookie 数据把 sessionID 发到服务器,服务器根据 sessionID 找到服务器上的 session 文件,读取其中的数据,如图 7.10 所示。

```
▼ Request Headers    view source
    Accept: text/html,application/xhtml+xml,application/xml;q=0.9,image/w
    0.8,application/signed-exchange;v=b3;q=0.9
    Accept-Encoding: gzip, deflate, br
    Accept-Language: zh-CN,zh;q=0.9
    Cache-Control: max-age=0
    Connection: keep-alive           请求头cookie中携带sessionID
    Cookie: PHPSESSID=ebqo4iupt41uaclm3ccih3q331
    Host: localhost
    Sec-Fetch-Dest: document
    Sec-Fetch-Mode: navigate
    Sec-Fetch-Site: none
    Sec-Fetch-User: ?1
```

图 7.10   请求头中包含 sessionID

运行结果为

```
admin
123456
Array ( [username] => admin [password] => 123456 )
```

3. 删除 session 数据

当使用完一个 session 变量后,可以将其删除;当完成一个会话后,也可以将其销毁。如果用户想退出 Web 系统,就需要提供一个注销的功能,把用户的所有信息在服务器中销毁。

删除 session 会话的方法主要有删除单个 session 元素、删除多个 session 元素和结束当前会话 3 种。

(1) 删除单个 session 元素。删除单个 session 元素同数组的操作一样,直接注销 $_SESSION 数组的某个元素即可。例如,删除 $_SESSION['name'] 时,可以直接使用 unset() 函数,如"unset($_SESSION['name']);"。

unset()函数可以释放指定的变量,其语法格式如下:

```
unset(mixed $var [, mixed $ ...])
```

其中 $var 为要释放的变量,unset()函数可以接收多个参数,参数之间使用,分隔。

注意: 在使用 unset()函数删除单个 session 元素时,尽量不要省略具体的元素名,即不要一次性地注销整个 $_SESSION 数组,这样有可能会造成意想不到的错误。

【例 7.6】 使用 unset() 函数,删除指定的 session 元素。

```php
<?php
    session_start();
    //删除 session 数据,但是 session 文件仍然存在
    unset($_SESSION['username']);
    unset($_SESSION['password']);
    print_r($_SESSION);                              //显示空数组 array()
?>
```

(2) 删除多个 session 元素。如果想要一次性删除多个 session 元素,即一次注销所有的会话变量,可以通过将一个空的数组赋值给 $_SESSION 来实现。

【例 7.7】 赋值空数组形式,删除多个 session 元素。

```php
<?php
    session_start();
    $_SESSION['username']="admin";
    $_SESSION['password']="123456";
    $_SESSION = array();
    print_r($_SESSION); //结果显示为空数组 array()
?>
```

运行结果为

```
Array ()
```

除了可以给 $_SESSION 赋值一个空数组外,使用 session_unset() 函数也可以释放 session 中的所有元素,函数的语法格式如下:

```
session_unset()
```

session_unset() 函数不需要传入参数,而且没有返回值。

【例 7.8】 session_unset() 函数删除多个 session 元素。

```php
<?php
    session_start();
    $_SESSION['username']="admin";
    $_SESSION['password']="123456";
    session_unset();
    print_r($_SESSION);                              //结果显示为空数组 array()
?>
```

(3) 结束当前会话,销毁 session 文件。如果整个 session 会话结束,可以使用 session_destroy() 函数销毁当前会话的全部数据,即彻底销毁 session,函数的语法格式如下:

```
session_destroy()
```

session_destroy() 函数不需要传入任何参数,另外,session_destroy() 函数虽然可以销毁当前会话中的全部数据,但是不会重置 $_SESSION 数组,也不会重置 cookie。如果需要再次使用 session 会话,则必须重新调用 session_start() 函数。

注意:(1) 使用 $_SESSION = array() 清空 $_SESSION 数组的同时,会将这个用户在服务器端对应的 session 文件内容清空,但 session 文件仍然存在;而使用 session_destroy() 函

数清空时,会将这个用户在服务器端对应的 session 文件删除。

（2）虽然删除了 session 文件,但内存中还有可能存在 session 数据,所以要先删除内存中的 session 变量,再删除文件。

【例 7.9】 销毁 session 文件。

```php
<?php
    session_start();
    $_SESSION['username']="admin";
    $_SESSION['password']="123456";
    session_unset();
    //删除当前 session 文件
    session_destroy();
    print_r($_SESSION);                     //结果显示为空数组 array()
?>
```

7.3.4 session 的生存周期及垃圾自动回收机制

在 PHP 中主要通过设置配置文件 php.ini 中的 session.gc_maxlifetime 选项来设定 session 的生存周期,该参数默认配置的生存时间是 1440s,也就是说,session 的生存时间是 24min,如果超过这个时间,那么 session 数据就自动删除。session 的垃圾回收,是指将服务器上过期的 session 文件删除。

虽然可以通过 session_destroy() 函数在页面中提供一个退出按钮,通过单击销毁本次会话。但如果用户没有单击退出按钮,而是直接关闭浏览器,或断网等情况,在服务器端保存的 session 文件是不会被删除的。当 session 的生命周期结束后,sessionID 就会消失,没有被 sessoinID 引用的服务器端 session 文件,就会成为"垃圾"。

服务器保存的 session 文件本质上是一个普通文本文件,所以都会有文件修改时间。"垃圾回收程序"就是根据 session 文件的修改时间,将所有过期的 session 文件全部删除。通过在 php.ini 中设置 session.gc_maxlifetime 选项来指定一个时间（单位：s）,该选项默认设置值为 1440s(24min)。"垃圾回收程序"就会在所有 session 文件中排查,如果有修改时间距离当前系统时间大于 1440s 的就将其删除。

那么 session"垃圾回收程序"什么时间启动呢？"垃圾回收程序"是在调用 session_start() 函数时启动的。但是一个网站会有多个脚本,每个脚本又都要使用 session_start() 函数开启会话,又会有很多个用户同时访问,这就很可能使 session_start() 函数在 1s 内被调用 N 次,而如果每次都启动 session"垃圾回收程序",这样是很不合理的。因此,可以通过 php.ini 文件中修改 session.gc_probability 和 session.gc_divisor 两个选项,设置启动"垃圾回收程序"的概率。PHP 会根据 session.gc_probability 和 session.gc_divisor 的公式计算概率,例如,选项 session.gc_probability=1,而选项 session.gc_divisor=1000,这样的概率就是 1/1000,即 session_start() 函数被调用 1000 次才可能会有一次启动"垃圾回收程序"。

实训 1：改写产品管理系统登录功能

要求：使用 session 存储验证码信息,实现输入账号、密码及验证码都正确,才跳转到产品列表页 list.php。

参考代码如下。

（1）验证码生成代码 verifyimgcode.php。

```php
<?php
    session_start();
    //设定标头指定 MIME 输出类型为图片
    header('Content-type: image/jpeg');
    //新建 100*40 的图像
    $codeH = 20;
    $codeW = 50;
    $im = imagecreatetruecolor($codeW, $codeH);
    //为 img 分配一个颜色,浅一点的颜色
    $bgColor = imagecolorallocate($im, 200, 200, 200);
    //使用颜色 color 填充 img 图像
    imagefill($im, 0, 0, $bgColor);
    //设置像素点的颜色,稍微深一些的颜色
    $pixColor = imagecolorallocate($im, 217, 83, 167);
    //循环绘制 300 个像素点
    for ($i=0; $i <300 ; $i++) {
        $pixX = rand(0, $codeW);        //像素点在图像上的 x 坐标
        $pixY = rand(0, $codeH);        //像素点在图像上的 y 坐标
        imagesetpixel($im, $pixX, $pixY, $pixColor);
    }
    //设置直线的颜色
    $lineColor = imagecolorallocate($im, 100, 100, 100);
    //循环绘制 5 条直线,设定每条直线起点在图像的左半边,终点在图像的右半边
    for ($i=0; $i < 5; $i++) {
        $x1 = rand(0, $codeW/2);
        $y1 = rand(0, $codeH);
        $x2 = rand($codeW/2, $codeW);
        $y2 = rand(0, $codeH);
        imageline($im, $x1, $y1, $x2, $y2, $lineColor);
    }
    //设置验证码的颜色
    $strCodeColor = imagecolorallocate($im, 138, 38, 83);
    $elements = ['0','1','2','3','4','5','6','7','8','9'];
    //存放 4 位验证码
    $strCode = '';
    //从数组 elements 中随机组合 4 位数字
    for ($i=0; $i < 4; $i++) {
        $index = rand(0, count($elements)-1);
        $strCode = $strCode.$elements[$index];
    }
    //把验证码存储在 session 中
    $_SESSION['code']=$strCode;
    //把验证码绘制到图片的(5,2)坐标处
    imagestring($im, 5, 5, 2, $strCode, $strCodeColor);
    //清空缓存
    ob_clean();
    //生成图像
    imagejpeg($im);
    //释放内存
```

```
        imagedestroy($im);
    ?>
```

(2) 登录页面 login. php。

```php
<?php
session_start();
?>
<!DOCTYPE html>
<html>
<head>
    <meta charset="utf-8">
    <title>产品管理系统</title>
    <style type="text/css">
        //表格样式
        table {
            width: 40%;
            background: #ccc;
            margin: 10px auto;
            border-collapse: collapse;//border-collapse:collapse 合并内外边距(去除
                            表格单元格默认的 2 个像素内外边距
        }
        th,td {
            height: 25px;
            line-height: 25px;
            //text-align: center;
            border: 1px solid #ccc;
            font-size: 16px;
        }
        tr {
            background: #fff;
        }
    </style>
    < script src =" https://cdn. staticfile. org/jquery/1. 10. 2/jquery. min. js " >
</script>
</head>
<body>
    <table >
        <tr>
            <td>登录名：</td><td><input type ="text" id ="username" name =
"username"></td>
        </tr>
        <tr>
            <td>密码：</td><td><input type="password" id="userpass" name=
"userpass"></td>
        </tr>
        <tr>
            <td>验证码：</td>
            <td><input type="text" id="verifyimgcode" name="verifyimgcode" >
                <img src="verifyimgcode.php" onclick="this.src='verifyimgcode.
```

```
php?' + Math.random();"></td>
        </tr>
        <tr>
            <td> </td>
            <td><input type="button" value="登录" id="btLogin" ></td>
        </tr>
    </table>
    <div id="msg"></div>
</body>
</html>
<script type="text/javascript">
    $(document).ready(function(){
        $("#btLogin").click(function(){
            var username = $("#username").val();
            var userpass = $("#userpass").val();
            var verifyimgcode = $("#verifyimgcode").val();
            $.post(
                "checkuser.php",
                {
                    username:username,
                    userpass:userpass,
                    verifyimgcode:verifyimgcode
                },
                function(data,status){
                    //console.log(data+"======"+status);
                    if(status=="success" && data=="ok"){
                        window.location.href="list.php";
                    }else{
                        $("#msg").text("登录失败");
                    }
                }
            );
        });
    });
</script>
```

(3) 服务端响应代码 checkuser.php,这里假设管理员用户名是 admin,密码是 123。

```php
<?php
    session_start();
    $username = $_POST["username"];
    $userpass = $_POST["userpass"];
    $verifyimgcode = $_POST["verifyimgcode"];
    $code = $_SESSION["code"];
    if ($username=='admin'&&$userpass=='123'&&$verifyimgcode==$code) {
        echo "ok";
    }else{
        echo "fail";
    }
?>
```

实训 2：增加用户登录身份核实

要求：实现用户必须登录才能访问 list.php 页面，并在 list 页面增加退出按钮（思路：在登录验证时用 session 存储用户信息，在 list 页面先检验 session 中是否有用户信息，以判断用户是否是从登录页面跳转过来的）。

参考代码如下。

（1）checkuser.php

```php
<?php
    session_start();
    $username = $_POST["username"];
    $userpass = $_POST["userpass"];
    $verifyimgcode = $_POST["verifyimgcode"];
    $code = $_SESSION["code"];
    if ($username=='admin'&&$userpass=='123'&&$verifyimgcode==$code) {
        $_SESSION["user"]=$username;               //保存用户登录信息
        echo "ok";
        return;
    }else{
        if ($username!='admin') {
            echo "username_error";
            return;
        }
        if($userpass!='123'){
            echo "userpass_error";
            return;
        }
        if ($verifyimgcode!=$code) {
            echo "code_error";
            return;
        }
    }
?>
```

（2）list.php

```php
<?php
session_start();
if(!isset($_SESSION["user"])){
    echo "<script>alert('请登录');location.href = 'login.php';</script>";
    //header("location:login.php");
    return;
}
?>
<!DOCTYPE html>
<html>
<head>
    <meta charset="utf-8">
    <title>产品管理</title>
```

```
    <style type="text/css">
        *{font-size: 16px;}
//表格样式
        table {
            width: 40%;
            background: #ccc;
            margin: 10px auto;
            border-collapse: collapse;//border-collapse:collapse 合并内外边距
                            (去除表格单元格默认的 2 个像素内外边距
        }
        th,td {
            height: 25px;
            line-height: 25px;
            text-align: center;
            border: 1px solid #ccc;
            font-size: 16px;
            padding: 3px;
        }
        th {
            background: #eee;
            font-weight: normal;
        }
        tr {
            background: #fff;
        }
        td a {
            color: #06f;
            text-decoration: none;
        }
/*tr:hover {
            background: #cc0;
        }
        td a {
            color: #06f;
            text-decoration: none;
        }
        td a:hover {
            color: #06f;
            text-decoration: underline;
        }

        }*/
    </style>
</head>
<body>
<div style="border: 0px solid red;text-align: right;">
    欢迎<?php echo $_SESSION['user'];?>
<a href='logout.php'>退出</a>
</div>
    <table >
        <tr><td colspan="5" style="text-align: left;border:0;"><a href="add.php">添
加新产品</a></td></tr>
        <tr>
```

```
          <th>序号</th><th>产品名称</th><th>产品图片</th><th>价格(元)</th><th>操作
</th>
        </tr>
        <tr>
          <td>1</td><td><a href="#">冰箱</a></td><td><img src="images/1.jpg">
</td><td>1231</td><td><a href="#">删除</a> <a href="#">修改</a></td>
        </tr>
        <tr>
          <td>2</td><td><a href="#">彩电</a></td><td><img src="images/1.jpg">
</td><td>2354</td><td><a href="#">删除</a> <a href="#">修改</a></td>
        </tr>
        <tr>
          <td>3</td><td><a href="#">手机</a></td><td><img src="images/1.jpg">
</td><td>345</td><td><a href="#">删除</a> <a href="#">修改</a></td>
        </tr>
        <tr>
          <td>4</td><td><a href="#">计算机</a></td><td><img src="images/1.jpg">
</td><td>345</td><td><a href="#">删除</a> <a href="#">修改</a></td>
        </tr>
        <tr>
          <td colspan="5">
              1/5  <a href="#">首页</a> <a href="#">上一页</a> 
 <a href="#">下一页</a> <a href="#">尾页</a> 
              跳转到<input style="width: 50px;" type="text" name=""><input type=
"submit" value="GO" name="">
          </td>
        </tr>
    </table>

</body>
</html>

logout.php
<?php
    session_start();
    unset($_SESSION['user']);
    header("location:login.php");
?>
```

第 8 章

文件与目录

任何数据类型变量所存储的数据,都是在程序运行时才加载到内存中的,而不能持久保存。如果需要将数据长久地保存起来,主要有两种方法,保存到文件中或者保存到数据库中。PHP 可以在服务器上对目录及文件进行创建、删除、修改等操作。

8.1 文 件 操 作

8.1.1 使用 PHP 打开和关闭文件

在操作文件之前,首先要打开文件才可以,这是进行文件操作的第一步,在 PHP 中要打开一个文件,可以使用 fopen() 函数。当打开一个文件的时候,还需要指定如何使用它,也就是文件模式。

有打开就有关闭,所以当文件操作完成之后,需要将打开的文件关闭以释放资源,使用 fclose() 函数关闭文件,fopen() 和 fclose() 函数通常是成对出现的,否则就会出现错误。

1. 选择文件模式

在对文件进行操作之前,服务器上的操作系统必须知道要对打开的文件进行什么操作。操作系统需要了解在打开这个文件后,这个文件是否还允许其他脚本再打开,它还需要了解使用者(或脚本)是否具有在这种方式下使用该文件的权限。

从本质上说,文件模式可以告诉操作系统一种机制,这种机制可以决定如何处理来自其他人或脚本的访问请求,以及用来检查用户是否有权访问这个特定的文件。

当打开一个文件时,有以下 3 种选择。

- 打开文件为了只读、只写或者读和写。
- 如果要写一个文件,可以覆盖所有已有的文件内容,或者仅仅将新数据追加到文件末尾。
- 如果在一个区分了二进制方式和纯文本方式的系统上写一个文件,还必须指定采用的方式。

函数 fopen() 支持上述的 3 种方式的组合。

2. 打开文件

PHP 中可以使用 fopen() 函数来打开文件或者 URL。如果打开成功,则返回文件指针资源;如果打开失败则返回 false,该函数的语法格式如下:

```
fopen(string $filename, string $mode[, bool $use_include_path = false[, resource
$context]])
```

参数说明如下。

(1) $filename：将要打开文件的 URL，这个 URL 可以是文件所在服务器中的绝对路径，也可以是相对路径或者网络资源中的文件。

(2) $mode：用来设置文件的打开方式(文件模式)。具体的值可以从下表 8.1 中选取。

表 8.1   常用打开方式说明

文件模式	说明
r	以只读方式打开，将文件指针指向文件头
r+	以读写方式打开，将文件指针指向文件头
w	以写入方式打开，将文件指针指向文件头并将文件大小截为 0。如果文件不存在则创建该文件
w+	以读写方式打开，将文件指针指向文件头并将文件大小截为 0。如果文件不存在则创建该文件
a	以写入方式打开，将文件指针指向文件末尾。如果文件不存在则创建该文件
a+	以读写方式打开，将文件指针指向文件末尾。如果文件不存在则创建该文件
b	二进制，要结合以上参数一起使用

(3) $use_include_path：可选参数，如果也需要在 include_path 中搜寻文件，可以将 $use_include_path 设为 1 或 true。

(4) $context：可选参数，在 PHP 5.0.0 中增加了对上下文(context)的支持。

【例 8.1】   打开当前目录下的文件 a. txt(存在)和 b. txt(不存在)。

```php
<?php
    $file = fopen("a.txt", 'r');      //只读方式打开，将文件指针指向文件头，通过文件句柄
                                           $file 操作 a.txt
    var_dump($file);                  //输出 resource(3) of type (stream)
    $file = fopen("b.txt", 'r');      //b.txt 文件不存在，则打开失败
    var_dump($file);                  //输出 bool(false)
    $file = fopen("b.txt", 'w');      //写入方式打开 b.txt，文件不存在，则创建
    var_dump($file);                  //输出 resource(4) of type (stream)
?>
```

运行结果为

```
resource(3) of type (stream)
bool(false)
resource(4) of type (stream)
```

3. 关闭文件

资源类型属于 PHP 的基本类型之一，一旦完成资源的处理，一定要将其关闭，否则可能会出现一些意料不到的错误。

函数 fclose()可以关闭一个已打开的文件指针，成功时返回 true，失败则返回 false。函数的语法格式如下：

```
fclose(resource $handle)
```

其中，$handle 为要关闭的文件指针，这个指针必须是有效，并且可以通过 fopen()或

fsockopen()函数成功打开。

【例8.2】 使用fclose()关闭文件指针。

```php
<?php
    $handle = fopen("http://www.baidu.com", "r");
    echo '文件指针关闭之前：';
    var_dump($handle);
    fclose($handle);
    echo '<br>文件指针关闭之后：';
    var_dump($handle);
?>
```

运行结果为

```
文件指针关闭之前：resource(3) of type (stream)
文件指针关闭之后：resource(3) of type (Unknown)
```

8.1.2 使用PHP读取文件内容

文件读写是程序开发中最基本的操作之一。实际应用中，经常需要从文件中读取数据，或者向文件中写入数据，如分析日志数据和记录日志等。当文件使用fopen()函数打开以后，就可以读取其中的内容了。相对打开文件和关闭文件来说，从文件中读取数据要更复杂一些。利用PHP提供的文件处理函数可以读取一个字符、一行字符串或整个文件，也可以读取任意长度的字串。这些常用的函数见表8.2。

表8.2 常用读取内容函数

函 数 名	描 述
fgetc()	从文件指针中读取一个字符，出错则返回false
fgets()	从文件指针中读取一行，出错则返回false
fread()	从文件读取指定字节数的数据，出错则返回false
readfile()	读入一个文件并写入输出缓冲，出错则返回false
file()	将整个文件读入一个数组中，出错则返回false
file_get_contents()	将整个文件读入一个字符串，出错则返回false

在读取文件时，不仅要注意行结束符号\n，程序也需要一种标准的方式来识别何时到达文件的末尾，这个标准通常称为eof(end of file)字符。eof是非常重要的概念，几乎每种主流的编程语言中都提供了相应的内置函数，来解析是否到达了文件eof。

在PHP中，可以使用feof()函数判断一个文件指针是否位于文件的结尾处，如果在文件末尾处则返回true。

1. fgetc()：从文件中读取一个字符

在对某一个字符进行查找、替换时，就需要有针对性地对某个字符进行读取，在PHP中可以使用fgetc()函数实现此功能。该函数语法格式如下：

```
fgetc(resource $handle)
```

其中，参数$handle是使用fopen()或fsockopen()成功打开的文件资源。

fgetc()函数可以返回包含一个字符的字符串,该字符从 $handle 指向的文件中得到。当碰到 eof 时返回 false。

注意:fgetc()函数可能返回布尔值 false,也可能返回等同于 false 的非布尔值。所以应该使用===运算符来测试此函数的返回值。另外,fgetc()函数可安全用于二进制对象,但不适用于读取中文字符串,因为一个中文通常占用 2~3 个字符。

【**例 8.3**】 使用 fgetc()函数逐个字符地读取文件中的内容并输出。

```php
<?php
    header("Content-Type: text/html;charset=utf-8"); //设置字符编码
    $handle = fopen('./test.txt', 'r');              //打开文件
    if (!$handle) {                                   //判断文件是否打开成功
        echo '文件打开失败!';
    }
    while (false !== ($char = fgetc($handle))) {      //循环读取文件内容
        echo $char;
    }
    fclose($handle);                                  //关闭文件
?>
```

代码中用到的 test.txt 文件中的内容如图 8.1 所示。

图 8.1 test 文档内容

运行结果为

向所有医护工作者致敬 中国加油,武汉加油

2. fgets():逐行读取文件

fgets()函数用于一次读取一行数据。函数的语法格式如下:

```php
fgets(resource $handle[, int $length])
```

其中,参数 $handle 是被打开的文件;参数 $length 为可选参数,用来设置读取的数据长度。函数能够实现从指定文件 $handle 中读取一行并返回长度最大值为 $length-1 字节的字符串。在遇到换行符、eof 或者读取了 $length-1 字节后停止。如果忽略 $length 参数,则默认读取 1KB(1024 字节)长度。

【**例 8.4**】 使用 fgets()函数逐行读取文件的内容并输出。

```php
<?php
    $handle = fopen("./test.txt", "r");
    if ($handle) {
        while (($info = fgets($handle, 1024)) !== false) {
            echo $info.'<br/>';
        }
        fclose($handle);
```

```
    }
?>
```

运行结果为

向所有医护工作者致敬
中国加油,武汉加油

3. fread():读取文件(任意长度)

PHP 中的 fread()函数可以在打开的文件中读取指定长度的数据,也可以安全用于二进制文件。在区分二进制文件和文本文件的系统上(如 Windows)打开文件时,fread()函数的mode 参数要加上 b。该函数的语法格式如下:

```
fread(resource $handle, int $length)
```

其中,$handle 为通过 fopen()函数创建的文件资源;$length 为最多读取 $length 个字节。

fread()函数可以从文件中读取指定长度的数据,当读取了 $length 字节或者读取到了文件末尾(eof)时函数会停止读取,并返回所读取到的字符串。如果读取失败则返回 false。

注意,fread()函数会从文件指针的当前位置读取。使用 ftell()可以查找指针的当前位置,使用 rewind()可以回放指针位置。

【例 8.5】 使用 fread()函数读取文件的内容并输出。

```
<?php
    $filename = "./test.txt";
    $handle = fopen($filename, "r");
    $contents = fread($handle, '8');
    echo '读取 8 个字符长度: '.$contents.'<br/>';
    rewind($handle);
    $contents = fread($handle, filesize($filename));
    echo '读取全部内容: '.$contents;
    fclose($handle);
?>
```

注意:在 UTF-8 的编码中,一个英文字符占 1 字节,一个中文字符占 3 字节,因此 8 个字符长度只能完整读取两个汉字。上面示例中使用了 filesize()函数,它的作用是获取文件大小,在 fread()函数中的作用就是读取整个文件。

运行结果为

读取 8 个字符长度:向所?
读取全部内容:向所有医护工作者致敬 中国加油,武汉加油

4. readfile():读取全部文件

readfile()函数用于读取一个文件并将其写入输出缓冲,同时返回从文件中读入的字节数。如果出错则返回 false,该函数的语法格式如下:

```
readfile(string $filename[, bool $use_include_path = false[, resource $context]])
```

参数说明如下。

$filename：要读取的文件名或文件路径；

$use_include_path：可选参数，用来设定是否想要在 include_path 中搜索该文件，默认为 false；

$context：Stream 上下文（context）。

提示：使用 readfile()函数，不需要打开或关闭文件，也不需要 echo 或 print 等输出语句，直接写出文件路径即可。

【例 8.6】 使用 readfile()函数读取文件的全部内容。

```php
<?php
    $file = 'test.txt';
    $info = readfile($file);
?>
```

运行结果为

向所有医护工作者致敬 中国加油,武汉加油

5. file()：把整个文件读入一个数组中

file()函数也是读取整个文件的内容，与 readfile()函数不同的是，file()函数会将文件的内容按行存放到数组中（包括换行符在内）。如果成功则返回这个数组，失败则返回 false。

file()函数的语法格式如下：

```php
file(string $filename[, int $flags = 0[, resource $context]])
```

参数说明如下。

$filename：要读取的文件名称或路径。

$flags：可选参数，flags 可以是以下一个或多个常量。

- FILE_USE_INCLUDE_PATH：在 include_path 中查找文件。
- FILE_IGNORE_NEW_LINES：在数组每个元素的末尾不要添加换行符。
- FILE_SKIP_EMPTY_LINES：跳过空行。

$context：使用 stream_context_create()函数创建的上下文资源。

函数返回的结果数组中的每一行都将包括行尾，除非使用了 FILE_IGNORE_NEW_LINES，因此如果不希望行尾出现，可以使用 rtrim()函数。

【例 8.7】 使用 file() 读取文件并输出。

```php
<?php
    $file = 'test.txt';
    $arr = file($file, FILE_IGNORE_NEW_LINES);         //结尾的换行符被忽略
    $arr2 = file($file);
    var_dump($arr);
    var_dump($arr2);
?>
```

运行结果为

```
array(2) {
```

```
    [0]=>string(30) "向所有医护工作者致敬"
    [1]=>string(27) "中国加油,武汉加油"
}
array(2) {
    [0]=>string(32) "向所有医护工作者致敬"
    [1]=>string(27) "中国加油,武汉加油"
}
```

6. file_get_contents()：将文件读入一个字符串

PHP 中的 file_get_contents()函数可以将文件的内容读取到一个字符串中,函数的语法格式如下:

```
file_get_contents(string $filename[, bool $use_include_path = false[, resource
$context[, int $offset = -1[, int $maxlen]]]])
```

参数说明如下。

$filename：要读取的文件的名称;

$use_include_path：可选参数,用来设定是否想要在 include_path 中搜索该文件,默认为 false;

$context：可选参数,用来表示使用 stream_context_create()函数创建的有效的上下文资源,如果不需要自定义 context,可以用 NULL 来忽略;

$offset：可选参数,用来设定文件中开始读取的位置。注意,不能对远程文件使用该参数;

$maxlen：可选参数,用来设定读取的字节数,默认是读取文件的全部内容。

注意：file_get_contents()函数执行失败时,可能返回 boolean 类型的 false,也可能返回一个非布尔值(如空字符)。所以一般使用===运算符测试此函数的返回值。

【例 8.8】 使用 file_get_contents()函数读取文件。

```php
<?php
    $file = 'test.txt';
    $filestr = file_get_contents($file);
    if($filestr){
        echo $filestr;
    }else{
        echo '读取失败!';
    }
?>
```

运行结果为

向所有医护工作者致敬 中国加油,武汉加油

8.1.3 使用 PHP 向文件中写入数据

前面介绍了打开和读取文件,本节介绍文件的写入操作。在 PHP 中将程序中的数据保存到文件中相对容易,使用 fwrite()和 file_put_contents()函数就可以将字符串内容写入文件中。

1. fwrite()函数

fwrite()函数可以将一个字符串写入文件中,函数的语法格式如下:

```
fwrite(resource $handle, string $string[, int $length])
```

参数说明如下。

$handle:待写入的文件,是由 fopen() 创建的 resource(资源);

$string:要写入的字符串;

$length:可选参数,用来设定要写入的字节数。

fwrite()函数可以把 $string 的内容写入文件指针 $handle 处。如果指定了 $length,当写入了 $length 个字节或者写完了 $string 以后,写入就会停止。函数执行成功,会返回写入的字节数,执行失败,则返回 false。

【例8.9】 使用 fwrite()函数向文件中写入指定的字符串。

```php
<?php
    $file = fopen("a.txt", 'r+'); //读写方式打开,将文件指针指向文件头
    fwrite($file, "向所有医护工作者致敬 ");
    fwrite($file, "中国加油,武汉加油");
    fclose($file);                    //关闭打开的文件,释放内存资源
    print_r(file('a.txt'));
?>
```

运行结果为

```
Array ([0] => 向所有医护工作者致敬 中国加油,武汉加油 )
```

2. file_put_contents()函数

file_put_contents()函数与 fwrite()函数功能相同,同样可以将一个字符串写入文件中,语法格式如下:

```
file_put_contents (string $filename, mixed $data[, int $flags = 0[, resource $context]])
```

参数说明如下。

$filename:要被写入数据的文件名。

$data:要写入的数据,可以是字符串、一维数组或者资源等类型。

$flags:可选参数,它的值可以是以下几种(可以使用|运算符组合使用)。

- FILE_USE_INCLUDE_PATH:在 include 目录里搜索 $filename。
- FILE_APPEND:如果文件 $filename 已经存在,追加数据而不是覆盖。
- LOCK_EX:在写入时获得一个独占锁。

$context:可选参数,一个 context 资源。

与 fwrite()函数相同 file_put_contents()函数执行成功会返回写入文件内数据的字节数,失败时返回布尔值 false 或者等同于 false 的非布尔值。

【例 8.10】 使用 file_put_contents() 函数向文件中写入指定的数据。

```php
<?php
  $file = 'b.txt';
  echo "<pre>写入前：";
  echo file_get_contents($file).'<br/>';
  $arr = [
    '向所有医护工作者致敬 ',
    '中国加油,武汉加油'
  ];
  file_put_contents($file, $arr,FILE_APPEND);
  echo '写入后：'.file_get_contents($file);
?>
```

运行结果为

写入前：
写入后：向所有医护工作者致敬 中国加油,武汉加油

8.1.4 使用 PHP 判断文件是否存在

在对一个文件进行操作之前,为了避免出错,首先应该判断这个文件是否存在,因为打开一个并不存在的文件,会导致程序出错。

PHP 中提供了一个专门的函数来做这一项工作,这个函数就是 file_exists()。file_exists() 函数可以判断文件或目录是否存在,若存在则返回 true,否则返回 false,函数的语法格式如下:

```php
file_exists(string $filename)
```

其中,参数 $filename 为文件或目录的路径。

【例 8.11】 使用 file_exists() 函数判断一个文件是否存在。

```php
<?php
    $file = 'test.txt';
    if(file_exists($file)){
        echo $file.' 存在!';
    }else{
        echo $file.' 不存在!';
    }
?>
```

运行结果为

test.txt 存在!

8.1.5 使用 PHP 获取文件属性

在程序中操作文件时,可能会使用到文件的一些常见属性,如文件的大小、类型、修改时间、访问时间以及权限等。PHP 中提供了非常全面的用来获取这些属性的内置函数,见表 8.3。

表 8.3　文件常见属性

函　数　名	说　　明
file_exists(string $filename)	检查文件或目录是否存在,文件存在返回 true,不存在则返回 false
filesize(string $filename)	获取文件大小,返回文件大小的字节数,出错时返回 false
is_readable(string $filename)	判断给定文件名是否可读,如果文件存在且可读则返回 true,否则返回 false
is_writable(string $filename)	判断给定文件名是否可写,如果文件存在且可读写则返回 true,否则返回 false
is_executable(string $filename)	判断给定文件名是否可执行,如果文件存在且可执行则返回 true,否则返回 false
filectime(string $filename)	获取文件的创建时间,返回 UNIX 时间戳
filemtime(string $filename)	获取文件的修改时间,返回 UNIX 时间戳
fileatime(string $filename)	获取文件的上次访问时间,返回 UNIX 时间戳

【例 8.12】　使用表 8.3 中的函数获取文件的属性。

```php
<?php
    $file = 'test.txt';
    file_exists($file) or die('文件不存在,程序退出!');
    echo $file.' 文件大小是：'.filesize($file).' 个字节<br>';
    if(is_readable($file)){
        echo $file.' 文件是可读的。<br>';
    }else{
        echo $file.' 文件是不可读的。<br>';
    }
    if(is_writable($file)){
        echo $file.' 文件是可写的。<br>';
    }else{
        echo $file.' 文件是不可写的。<br>';
    }
    if(is_executable($file)){
        echo $file.' 文件是可执行的。<br>';
    }else{
        echo $file.' 文件是不可执行的。<br>';
    }
    echo '文件的创建时间是：'.date('Y-m-d H:i:s',filectime($file)).'。<br>';
    echo '文件的修改时间是：'.date('Y-m-d H:i:s',filemtime($file)).'。<br>';
    echo '文件上次的访问时间是：'.date('Y-m-d H:i:s',fileatime($file)).'。<br>';
?>
```

运行结果为

```
test.txt 文件大小是：59 个字节
test.txt 文件是可读的。
test.txt 文件是可写的。
test.txt 文件是不可执行的。
文件的创建时间是：2020-02-11 16:35:33。
文件的修改时间是：2020-06-11 11:30:44。
文件上次的访问时间是：2020-06-11 11:30:44。
```

8.1.6 使用 PHP 删除、复制、重命名文件

在对文件进行操作时，不仅可以对文件中的数据进行操作，还可以对文件本身进行操作。如复制文件、删除文件、截取文件及重命名文件等操作。在 PHP 中提供了这些文件处理方式的标准函数，使用也非常简便。

文件的基本操作函数如下。

- copy()：复制文件。
- unlink()：删除文件。
- rename()：重命名文件或目录。

1. copy()函数

copy()函数可以将一个文件复制到指定目录中，执行成功时返回 true，失败时返回 false。函数的语法格式如下：

```
copy(string $source, string $dest[, resource $context])
```

参数说明如下。

$source：源文件路径；

$dest：目标路径，如果文件存在，则会将其覆盖，如果 $dest 是一个 URL，若封装协议不支持覆盖已有的文件，则会复制失败；

$context：可选参数，表示使用 stream_context_create() 创建的有效上下文资源。

【例 8.13】 使用 copy()函数将文件复制到指定位置。

```php
<?php
    $file = 'test.txt';
    $newfile = 'newtest.txt';
    if(copy($file, $newfile)){
        echo '文件复制成功!';
    }else{
        echo '文件复制失败!';
    }
?>
```

运行上面的代码会将 test.txt 文件在当前目录下复制一份，并重命名为 newtest.txt，然后输出结果为

```
文件复制成功!
```

2. unlink()函数

unlink()函数可以删除指定的文件，函数执行成功时返回 true，失败时返回 false，其语法格式如下：

```
unlink(string $filename[, resource $context])
```

其中，$filename 为要删除的文件路径；$context 为可选参数，规定文件句柄的环境。$ontext 是可修改流的行为的一套选项。

【例8.14】 使用 unlink()函数删除指定的文件。

```php
<?php
    $file = 'newtest.txt';
    if(file_exists($file)){
        if(unlink($file)){
            echo $file.' 删除成功!';
        }else{
            echo $file.' 删除失败!';
        }
    }else{
        echo $file.' 不存在!';
    }
?>
```

运行上面的代码会删除根目录下的 newtest.txt 文件，并返回下面的内容：

```
newtest.txt 删除成功!
```

3. rename()函数

rename()函数可以重命名一个文件或者目录，成功时返回 true，失败时则返回 false。该函数的语法格式如下：

```
rename(string $oldname, string $newname[, resource $context])
```

其中，$oldname 为要修改的文件名；$newname 为新的文件名；$context 为可选参数，用来规定文件句柄的环境。$context 是一套可以修改流的行为的选项。

【例8.15】 使用 rename()函数来重命名一个文件。

```php
<?php
    $file = 'test.txt';
    if(file_exists($file)){
        if(rename($file,'newtest.txt')){
            echo $file.' 重命名成功!';
        }else{
            echo $file.' 重命名失败!';
        }
    }else{
        echo $file.' 不存在!';
    }
?>
```

运行上面的代码会将根目录的 test.txt 文件重命名为 newtest.txt，并输出以下内容：

```
test.txt 重命名成功!
```

使用 rename()函数有以下几点需要注意。

- 对于非空文件夹，只能在同一盘符下移动；
- 对于空文件夹，rename()可以在不同盘符间移动。但是目标文件夹的父目录必须存在；
- 对于文件，rename()也能在不同盘符之间移动。

8.2 目 录 操 作

8.2.1 使用 PHP 打开和关闭目录

目录是计算机文件系统的重要组成部分,也可以将其看成是一种特殊的文件,所以对目录的操作同对普通文件的操作类似,在浏览之前要先打开目录,浏览完毕后同样需要关闭目录。本节介绍一下目录的打开和关闭操作。

1. 打开目录

打开目录和打开文件虽然都是执行打开的操作,但使用的函数不同,而且对未找到指定文件的处理结果也不同。如果未找到指定的文件,fopen()函数会自动创建这个文件再打开,而打开目录的 opendir()函数却会直接抛出一个错误。opendir()函数的语法格式如下:

```
opendir(string $path[, resource $context])
```

其中,参数 $path 为要打开的目录路径,$context 为可选参数,用来设定目录句柄的环境,$context 是可修改目录流行为的一套选项。

如果执行成功则返回目录句柄的资源(resource),失败则返回 false。如果参数 $path 不是一个合法的目录或者因为权限限制或文件系统错误而不能打开目录,opendir()函数会返回 false 并产生一个 E_WARNING 级别的 PHP 错误信息。可以在 opendir()前面加上@符号来抑制错误信息的输出。

【例 8.16】 使用 opendir()函数打开指定目录(test 目录存在)。

```php
<?php
    $dir = './test/';
    if(is_dir($dir)){
        $info = opendir($dir);
        var_dump($info);
    }
?>
```

上面代码用到了一个 is_dir()函数,该函数用来判断给定的参数是不是一个目录。运行结果为

```
resource(3) of type (stream)
```

2. 关闭目录

对一个目录的操作结束之后,需要关闭已打开的目录,即释放操作目录时所占用的资源。PHP 提供了 closedir()函数完成关闭目录的操作,该函数的语法格式如下:

```
closedir([resource $dir_handle])
```

其中,参数 $dir_handle 为可选参数,表示目录句柄的资源(使用 opendir()函数打开的目录资源)。

【例 8.17】 使用 closedir()函数关闭打开的目录资源。

```php
<?php
    $dir = './test/';
    if(is_dir($dir)){
        $info = opendir($dir);
        echo '目录关闭前：';var_dump($info);
        closedir($info);
        echo '<br>目录关闭后：';var_dump($info);
    }
?>
```

运行结果为

```
目录关闭前：resource(3) of type (stream)
目录关闭后：resource(3) of type (Unknown)
```

8.2.2 使用 PHP 读取目录下的文件及文件夹

使用 opendir()函数打开一个目录资源后就可以获取该目录下的文件及文件夹信息了。在 PHP 中提供了 readdir()和 scandir()两个函数来读取指定目录下的内容。

1. readdir()函数

使用 readdir()函数可以获取目录中下一个文件或目录的名称，函数的语法格式如下：

```
readdir([resource $dir_handle])
```

其中，$dir_handle 为可选参数，表示通过 opendir()函数打开的目录资源。成功时返回文件名，失败时返回 false。

【例 8.18】 使用 readdir()函数读取指定目录中的文件及文件夹。

```php
<?php
    $dir = 'D:';
    if(is_dir($dir)){
        $info = opendir($dir);
        while (($file = readdir($info)) !== false) {
            echo $file.'<br/>';
        }
        closedir($info);
    }
?>
```

2. scandir()函数

除了使用函数 readdir()可以获取目录下的文件及文件夹名称外，使用 scandir()函数也可以列出指定目录中的文件及文件夹名称，scandir()函数的语法格式如下：

```
scandir(string $directory[, int $sorting_order[, resource $context]])
```

参数说明如下。

$directory：要读取的目录。

$sorting_order：为可选参数，用来设定默认的排序方式；如果设置为 SCANDIR_SORT_DESCENDING 或者 1，则将返回结果按字母降序排列；如果设置为 SCANDIR_SORT_NONE，则返回未排列的结果。

$context：为可选参数，规定目录句柄的环境。$context 是可修改目录流的行为的一套选项。

scandir()函数执行成功会返回一个包含有文件及文件夹名称的数组，如果执行失败则返回 false。如果参数 $directory 不是个目录，则返回布尔值 false 并生成一条 E_WARNING 级的错误。

【例 8.19】 使用 scandir()函数读取指定目录下的文件及文件夹名称。

```php
<?php
    $dir = 'D:';
    if(is_dir($dir)){
        $arr1 = scandir($dir);
        $arr2 = scandir($dir, 1);     //按字母降序排列
    }
    echo "<pre>";
    print_r($arr1);
    print_r($arr2);
?>
```

8.2.3 使用 PHP 创建删除目录

1. mkdir()：创建目录

有时需要在服务器上创建目录。如创建以当天日期为名字的目录来备份数据，或者创建以注册用户名为名字的目录来存放用户注册信息文件等。在 PHP 中可以使用 mkdir()函数来创建一个新的目录，函数的语法格式如下：

```
mkdir(string $pathname[, int $mode = 0777[, bool $recursive = false[, resource $context]]])
```

参数说明如下。

$pathname：要创建的目录路径（包含新目录的名称）。

$mode：可选参数，用来设定目录的权限，由四个数组组成，默认是 0777（最大的访问权限），不过 $mode 在 Windows 下会被忽略。

组成 $mode 参数的四个数字的含义如下所示。

• 第一个数字通常是 0。
• 第二个数字规定所有者的权限。
• 第三个数字规定所有者所属的用户组的权限。
• 第四个数字规定其他所有人的权限。

$mode 参数中，除第一个数字外，其他三个数字的取值范围如下（如需设置多个权限，可以将对应权限的数字相加）：

1 => 执行权限；

2 => 写权限；

4 => 读权限。

$recursive：可选参数，为 true 时允许递归创建由 $pathname 所指定的多级嵌套目录，默认为 false。

$context：在 PHP 5.0.0 中增加了对上下文（Context）的支持。

【例 8.20】 使用 mkdir() 函数来创建一个新目录。

```php
<?php
    $dir = './test/ttt';
    if(is_dir($dir)){
        echo "该目录已存在!";
    }else{
        if(mkdir($dir,0777,true)) echo '目录创建成功!';
    }
?>
```

运行上面的代码，即可在当前目录下创建一个名为 test 的目录，并在 test 目录中创建一个名为 ttt 的目录。

2. rmdir()：删除目录

同普通文件类似的，如果确认某个目录已经不会被使用了，那么就可以把这个目录删除。在 PHP 中可以使用 rmdir() 函数来删除指定的目录，该函数的语法格式如下：

```
rmdir(string $dirname[, resource $context])
```

其中，参数 $dirname 为要删除的目录路径；$context 为可选参数，用来规定文件句柄的环境。

注意：使用 rmdir() 函数删除指定目录时，这个目录必须是空的，而且要有相应的权限。函数执行成功时返回 true，执行失败则返回 false，如果删除一个不为空的目录还会产生一个 E_WERNING 级别的错误。

【例 8.21】 使用 rmdir() 函数删除指定的目录。

```php
<?php
    $dir = './test';
    if(is_dir($dir)){
        if(rmdir($dir))
            echo '目录删除成功!';
    }else{
        echo "目录不存在!";
    }
?>
```

运行上面的代码，首先要确定 test 目录是空的，否则就会出现 Directory not empty 的警告信息。

8.2.4　PHP 获取文件信息

1. basename() 返回路径中的文件名部分

给出一个包含有指向一个文件的全路径的字符串，返回基本的文件名。语法格式如下：

```
string basename ( string $path [, string $suffix ] )
```

其中,参数 path 表示一个路径。在 Windows 中,斜线(/)和反斜线(\)都可以用作目录分隔符。在其他环境下是斜线(/)。参数 suffix 表示如果文件名是以 suffix 结束的,那这一部分也会被去掉。

【例 8.22】 basename 示例。

```php
<?php
    $path = 'd:/myweb/test.txt';
    echo basename($path);        //输出 test.txt
    echo basename($path,'.txt'); //输出 test
?>
```

2. dirname()返回路径中目录部分

给出一个包含有指向一个文件的全路径的字符串,本函数返回去掉文件名后的目录名。语法格式如下:

```
string dirname ( string $path )
```

【例 8.23】 dirname 示例。

```php
<?php
    $path = 'd:/myweb/conf/test.txt';
    echo dirname($path);              //输出 d:/myweb/conf
?>
```

3. pathinfo()返回文件路径的信息

pathinfo()可以查询参数 path 里包含的目录及文件信息,把这些信息以数组或字符串的形式返回。语法格式如下:

```
mixed pathinfo ( string $path [, int $options = PATHINFO_DIRNAME | PATHINFO_BASENAME |
PATHINFO_EXTENSION | PATHINFO_FILENAME ] )
```

参数说明如下。

path:要解析的路径。

options:如果指定了,将会返回指定的文件路径信息;它们包括:PATHINFO_DIRNAME(文件路径),PATHINFO_BASENAME(完整文件名)和 PATHINFO_EXTENSION(文件后缀名)或 PATHINFO_FILENAME(文件名)。如果不指定 options 的值,默认是返回全部的单元。

返回值:如果没有传入 options,将会返回包括以下单元的数组 array(dirname,basename,extension,filename)。

【例 8.24】 pathinfo 示例。

```php
<?php
    $path = 'd:/myweb/conf/test.txt';
    print_r(pathinfo($path));
    var_dump(pathinfo($path,PATHINFO_DIRNAME ));
    var_dump(pathinfo($path,PATHINFO_BASENAME ));
    var_dump(pathinfo($path,PATHINFO_EXTENSION ));
```

```
    var_dump(pathinfo($path,PATHINFO_FILENAME));
?>
```

运行结果为

```
Array(
    [dirname] => d:/myweb/conf
    [basename] => test.txt
    [extension] => txt
    [filename] => test
)
string(13) "d:/myweb/conf"
string(8) "test.txt"
string(3) "txt"
string(4) "test"
```

8.3   PHP 文件上传

8.3.1   上传原理

　　PHP 的文件上传实际上是在客户端使用一个 form 表单提交本地文件到服务器,PHP 会将这个文件临时保存在指定的临时目录中,当程序运行结束,临时目录中的这个文件就会被删除。因此,需要在服务器端写代码,将文件从临时目录转移到指定目录,才能把文件保存下来。

　　服务器保存临时文件的路径可以在 php.ini 中指定,如果在 php.ini 没有设置 upload_tmp_dir,那么默认 PHP 进程会读写系统的临时目录,Windows 默认为 C:/windows/temp,Linux 默认为/tmp。本书环境上传临时路径如图 8.2 所示。

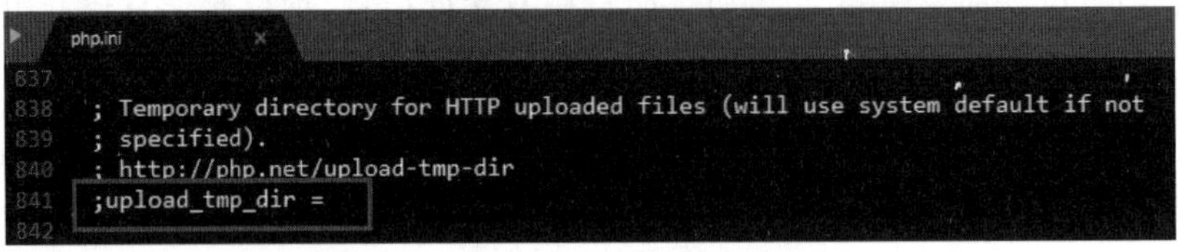

图 8.2   服务器保存临时文件的路径

8.3.2   创建一个文件上传表单

　　使用 form 表单上传文件时,需要注意以下几点。
- <form>标记的 method 属性必须是 post。
- <form>标记的 entype 属性值必须是 multipart/form-data。
- 上传文件,必须使用<input typ="file"/>标记实现。

　　<form> 标签的 enctype 属性规定了在提交表单时要使用哪种内容类型。在表单需要上传文件时,使用的是二进制数据,则必须使用 multipart/form-data。

　　<input> 标签的 type="file" 属性定义输入字段和"浏览"按钮,供文件上传。当在浏览器中预览时,会看到输入框旁边有一个浏览按钮。

　　【例 8.25】   建立上传文件表单 form.php。

```
<!DOCTYPE html>
<html>
<head>
    <meta charset="utf-8">
    <title>文件上传</title>
    <style type="text/css">
        *{font-size: 14px;}
    </style>
</head>
<body>
    <form action="upload_file.php" method="post" enctype="multipart/form-data">
        产品名称：<input type="text" name="productname"/><br/>
        产品图片：<input type="file" name="productimg"/><br/>
        <input type="submit" name="submit" value="提交">
    </form>
</body>
</html>
```

运行结果如图8.3所示。

图8.3　上传页面效果

8.3.3　服务端接收上传文件

$_POST 数组只能接收普通表单元素的值，上传文件表单里的文件是二进制形式，$_POST 无法接收，PHP 使用超全局数组 $_FILES 用来获取通过 POST 方法上传文件的相关信息。

$_FILES 是一个二维数组，格式如下：

$_FILES[表单元素][文件属性]

说明：第一个参数是上传文件的表单元素的 name，第二个下标可以是 name、type、size、tmp_name 和 error。

- $_FILES['myFile']['name'] 客户端文件的原名称。
- $_FILES['myFile']['type'] 文件的 MIME 类型，需要浏览器提供该信息的支持，例如"image/gif"。
- $_FILES['myFile']['size'] 上传文件的大小，单位为字节。
- $_FILES['myFile']['tmp_name'] 文件被上传后在服务端储存的临时文件名，一般是系统默认。
- $_FILES['myFile']['error'] 文件上传出错的错误代码。

$_FILES['myFile']['error'] 有以下几种类型。

- UPLOAD_ERR_OK：其值为 0，没有错误发生，文件上传成功。
- UPLOAD_ERR_INI_SIZE：其值为 1，上传的文件超过了 php.ini 中 upload_max_

filesize 选项限制的值。

- UPLOAD_ERR_FORM_SIZE：其值为 2，上传文件的大小超过了 HTML 表单中 MAX_FILE_SIZE 选项指定的值。
- UPLOAD_ERR_PARTIAL：其值为 3，文件只有部分被上传。
- UPLOAD_ERR_NO_FILE：其值为 4，没有文件被上传。
- UPLOAD_ERR_NO_TMP_DIR：其值为 6，找不到临时文件夹。PHP 4.3.10 和 PHP 5.0.3 引进。
- UPLOAD_ERR_CANT_WRITE：其值为 7，文件写入失败。PHP 5.1.0 引进。

【例 8.26】　建立脚本接收上传文件 upload_file.php。

```php
<?php
    $productname = $_POST["productname"];
    var_dump($productname);
    $productimg = $_POST["productimg"];
    var_dump($productimg);
    $productimg = $_FILES["productimg"];
    print_r($productimg);
?>
```

运行 form.php，输入产品名称乒乓球，并选择一张图片，提交后运行结果如图 8.4 所示。

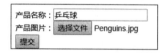

图 8.4　上传界面

8.3.4　move_uploaded_file()保存上传文件

例 8.2.6 在服务器的 PHP 临时文件夹中创建了一个被上传文件的临时副本。这个临时副本文件会在脚本结束时消失。要保存被上传的文件，需要把它复制到另外的位置，move_uploaded_file()函数，可以将上传的文件移动到新位置。语法格式如下：

```
bool move_uploaded_file ( string $filename , string $destination )
```

描述：函数将上传的文件移动到新位置，如果目标文件已经存在，将会被覆盖。若成功则返回 true，否则返回 false。

参数说明如下。

filename：上传的文件的文件名。

destination：移动文件到这个位置。

【例 8.27】　move_uploaded_file 示例。

```php
<?php
    $filename = $_FILES["productimg"]["tmp_name"];
    $destination = "upload/".$_FILES["productimg"]["name"];
    move_uploaded_file($filename, $destination);
?>
```

8.4 PHP 文件下载

8.4.1 Web 下载原理

Web 端的文件下载都是通过浏览器实现的,现在的浏览器能显示的文件格式很多,如图片、网页文件、文本,还有很多其他类型,如果是浏览器能够识别的类型,那么浏览器默认输出显示到页面,但是如果浏览器不识别的类型,那么默认会弹出下载框提示下载。

8.4.2 使用<a> 标签实现文件下载

如果想通过纯前端技术实现文件下载,直接把<a> 标签的 href 属性设置为文件路径即可,如下:

```
<a href="./myfile/a.rar">下载 rar</a>
```

但是,对于 txt、jpg、pdf 等浏览器支持直接打开的文件不会被执行下载,而是会直接打开,这时候可以使用 download 属性,download 属性是 HTML5 的新属性,实现了静态资源的单击下载。download 属性不仅可以实现下载,其属性值还可以规定下载时的文件名,如果不填写,会自动使用默认文件名。例如:

```
<a href="./myfile/Koala.jpg" download="考拉">下载 jpg</a>
```

但是,download 属性对浏览器的兼容性不佳,Firefox 会弹出下载框,chrome 能直接下载,IE 和 safari 没有响应下载,依旧跳转到指定 url 显示图片。如果不想借助后台而要实现文件下载,给<a>标签加 download 绝对是首选之策。

8.4.3 header()实现文件下载

利用的 header()函数,直接跳转链接也可以实现文件的下载。例如:

```
header("Location: myfile/a.rar");
```

对于浏览器可以直接识别的文件类型,如 txt、jpg、pdf 等,header()函数的跳转不会文件,而是直接在浏览器端打开文件显示结果。因此,如果需要下载,可以通过 header()函数发送自定义的 HTTP 头部信息,设置浏览器不打开文件,而是保存文件数据。步骤如下。

(1) 指定文件的 MIME 类型:

```
header("Content-Type:MIME 类型");
```

MIME(Multipurpose Internet Mail Extensions,多用途互联网邮件扩展类型)用来设定某种扩展名的文件用一种应用程序来打开,当该扩展名文件被访问的时候,浏览器会自动使用指定应用程序来打开,多用于指定一些客户端自定义的文件名及一些媒体文件的打开方式。实际上就是告诉浏览器,用什么方式打开文件,对于下载操作,可以统一使用 application/octet-stream 表示未知的应用(二进制文件),因为是未知文件,浏览器不知道用什么应用程序能打开,所以就会提示下载。

(2) 指定下载文件的描述:

```
header("Content-Disposition:attachement;filename= 文件名称");
```

在常规的 HTTP 应答中,Content-Disposition 用来表示内容如何在浏览器中显示,可以是内联(inline)呈现(对应的内容将作为页面的一部分呈现),也可以是附件下载(attachment)的形式。其中,filename 参数表示附件的名称。

(3) 指定下载文件的大小:

```php
header("Content-Length:文件大小");
```

(4) 读取文件内容至输出缓冲区:

```php
readfile();
```

【例 8.28】 浏览器下载图片。

```php
<?php
    $file = 'myfile/Koala.jpg';
    //定义附件的类型,可以统一使用 application/octet-stream,表示未知的应用(二进制文件)
    header('Content-Type: application/octet-stream');
    //定义数据内容如何在浏览器中显示,attachment 表示附件下载的形式
    header('Content-Disposition: attachment; filename="'.basename($file).'"');
    //定义文件的大小
    header('Content-Length: ' . filesize($file));
    //读取文件输出到浏览器
    readfile($file);
?>
```

实训 1：递归遍历 myweb 下的所有条目

要求：遍历指定目录下的所有内容,包括子目录中的内容。

```php
<?php
    function recursive($dirname){
        //打开目录。返回目录句柄资源
        $handle = opendir($dirname);
        echo '<ul>';
        //循环读取目录中的条目
        while ($line = readdir($handle)) {
            //如果是"."或"..",则继续
            if ($line == "." || $line == "..") continue;
            echo '<li>' . $line. '</li>';
            //如果是目录,则递归调用
            if (is_dir($dirname . '/' . $line)) {
                //递归到下一层的某个文件夹
                recursive($dirname . '/' . $line);
            }
        }
        echo '</ul>';
        //关闭目录
        closedir($handle);
    }
    $dirname = './phpmyadmin';
    //判断是不是已经存在的目录
    if (!file_exists($dirname)){
```

```
            die("{$dirname}目录不存在!");
        }
    //判断是不是目录
    if(!is_dir($dirname)){
            die("{$dirname}不是一个目录");
    }
    //调用函数,显示以下目录
    recursive("C:\\AppServ\\www\\myweb");
?>
```

实训2：上传图片到服务器

要求：

（1）上传到指定的 upload 文件夹。

（2）对上传文件重命名，避免文件名重复。

（3）限制上传文件大小为 1MB 以内。

（4）限制上传文件类型只能是 jpg、png、gif 3 种格式的图片。

参考代码如下。

（1）上传页面 form. php

```
<!DOCTYPE html>
<html>
<head>
    <meta charset="utf-8">
    <title>文件上传</title>
</head>
<body>
    <form action="upload_file.php" method="post" enctype="multipart/form-data">
        图片：<input type="file" name="productimg"/><br/>
        <input type="submit" name="submit" value="提交">
    </form>
</body>
</html>
```

（2）保存上传文件 upload_file. php

```
<?php
    if (!isset($_POST["submit"])) {//判断是否经过表单提交
        exit("请上传");
        echo "over";
    }
    $types = ['image/jpeg','image/png','image/gif'];
    if($_FILES['myfile']['error']!=4&&$_FILES['myfile']['error']!=3){
                                                        //有文件上传并且全部上传了
        $filetype = $_FILES['myfile']['type'];
        if (!in_array($filetype , $types)) {
            exit("非法文件类型");
        }
        $filesize = $_FILES['myfile']['size'];
        if ($filesize>1024*1024) {
            die("文件大小超过 1M");
```

```
        }
        $filename = $_FILES['myfile']['name'];
        $ext = pathinfo($filename,PATHINFO_EXTENSION);        //取文件后缀名
        $filename = date("YmdHis").rand(1000,9999).".".$ext; //重命名
         if(move_uploaded_file($_FILES['myfile']['tmp_name'], "upload/".
$filename)){
                echo "上传成功";
                return;
        }
    }else{
        exit("请选择上传文件");
    }
?>
```

实训 3：实现文件下载，并隐藏下载资源

1. 下载的静态页面 download.html

这里的参数 f 表示文件名，用 md5()函数对文件名进行了加密转换，这样在页面上就不会暴露服务器上资源的真实名称，当然也可以用其他的字符串或数字替代。

```
<!DOCTYPE html>
<html>
<head>
    <meta charset="utf-8">
    <title>下载列表</title>
</head>
<body>
    <a href="download.php?f=5de19adeea5cb0b93e7d2ff9d3480025">下载资料压缩包</a>
<br/>
    <a href="download.php?f=06d3bc740e8ba0c8f64427649f537269">下载考拉图片</a>
</body>
</html>
```

2. 下载程序处理 download.php

```
<?php
    //获取地址栏传递的文件名参数
    $f = $_GET["f"];
    //记录转换的文件名与真实文件名的对应关系，并指定下载显示的文件名
    $arr =[
        "5de19adeea5cb0b93e7d2ff9d3480025"=>["myfile/a.rar","资料.rar"],
        "06d3bc740e8ba0c8f64427649f537269"=>["myfile/Koala.jpg","考拉.jpg"]
    ];
    $file = $arr[$f][0];                            //服务器资源真实路径及文件名
    $downloadName = $arr[$f][1];                    //下载使用的文件名
    $downloadName = iconv("utf-8", "gbk", $downloadName); //IE浏览器会出现中文乱码，
                                                        这里进行转码
    //定义附件的类型，可以统一使用 application/octet-stream,表示未知的应用(二进制文件)
    header('Content-Type: application/octet-stream');
```

```
//定义数据内容如何在浏览器中显示,attachment 表示附件下载的形式
header('Content-Disposition: attachment; filename="'.$downloadName.'"');
//定义文件的大小
header('Content-Length: ' . filesize($file));
//读取文件输出到浏览器
readfile($file);
?>
```

运行结果如图 8.5 所示。

图 8.5　下载列表

实训 4：读取文件中的内容，并用表格展示出来

参考代码如下。

```php
<?php
    ini_set("display_errors", "On");
    $filename = "test.php";
    //只读方式打开文件
    $handle = fopen($filename, 'r');
    //循环取出一行一行数据
    $str = "<table border=1>";
    while($arr = fgets($handle))
    {
        $str .="<tr>";
        $str .="<td>".htmlspecialchars($arr)."</td>";
        $str .="</tr>";
    }
    $str .="</table>";
    fclose($handle);
    echo $str;
?>
```

实训 5：删除一个不为空的目录

参考代码如下。

```php
<?php
    function deldir($path){
```

```php
        //如果是目录则继续
        if(is_dir($path)){
            //扫描一个文件夹内的所有文件夹和文件并返回数组
            $p = scandir($path);
            //如果 $p 中有两个以上的元素则说明当前 $path 不为空
            if(count($p)>2){
                foreach($p as $val){
                    //排除目录中的.和..
                    if($val !="." && $val !=".."){
                        //如果是目录则递归子目录,继续操作
                        if(is_dir($path.$val)){
                            //子目录中操作删除文件夹和文件
                            deldir($path.$val.'/');
                        }else{
                            //如果是文件直接删除
                            unlink($path.$val);
                        }
                    }
                }
            }
            //删除目录
            return rmdir($path);
        }
        //设置需要删除的文件夹
        $path = "./test/";
        //调用函数,传入路径
        deldir($path);
?>
```

实训 6：多个文件上传

参考代码如下。

```php
<!DOCTYPE html>
<html lang="en">
<head>
    <meta charset="UTF-8">
    <title>PHP 文件上传</title>
</head>
<body>
    <form action="" method="post" enctype="multipart/form-data">
        <input type="file" name="upfile[]"><br>
        <input type="file" name="upfile[]"><br>
        <input type="file" name="upfile[]"><br>
        <input type="submit" value="上传">
    </form>
</body>
</html>
<?php
```

```
    if(!empty($_FILES)){
        $tmpname = $_FILES['upfile']['tmp_name'];
        $name = $_FILES['upfile']['name'];
        $path = './uploads';
        for ($i=0; $i < count($tmpname); $i++) {
            $file_name = date('YmdHis').rand(100,999).$name[$i];
            if(move_uploaded_file($tmpname[$i], $path.'/'.$file_name)){
                echo $name[$i].'上传成功!<br>';
            }else{
                echo $name[$i].'上传失败!<br>';
            }
        }
    }
?>
```

第 9 章

MySQL 数据库操作

PHP 在开发 Web 站点或一些管理系统时,需要对大量的数据进行保存,虽然 XML 文件或者文本文件也可以作为数据的载体,但不易进行管理和对大量数据的存储,所以在项目开发时,数据库就显得非常重要。

PHP 支持多种数据库,像 DB2、Informix、Oracle、SQL Sever、MySQL、Sybase 等。作为一个小型关系型数据库管理系统,PHP 与 MySQL 被称为黄金组合。

9.1 MySQL 数据库简介

9.1.1 什么是 MySQL

MySQL 是瑞典 MySQL AB 公司旗下所开发的一款大众实用、安全、跨平台、高效的数据库管理系统,与 PHP、Java 等主流编程语言紧密结合。2008 年 1 月 16 日被 Sun 公司收购,2009 年 Sun 又被 Oracle 收购。MySQL 是一种关联数据库管理系统,关联数据库将数据保存在不同的表中,而不是将所有数据放在一个大仓库内,这样就提高了速度和灵活性。目前 MySQL 被广泛地应用在 Internet 的中小型网站中。由于其体积小、速度快、总体拥有成本低,尤其是开放源码这一特点,使很多公司都采用 MySQL 数据库以降低成本。

MySQL 数据库可以称得上是目前运行速度最快的 SQL 语言数据库。除了具有许多其他数据库所不具备的功能外,MySQL 数据库还是一种完全免费的产品,用户可以直接通过网络下载 MySQL 数据库,而不必支付任何费用。

9.1.2 MySQL 特点

MySQL 具备以下特点。

1. 功能强大

MySQL 中提供了多种数据库存储引擎,各引擎各有所长,适用于不同的应用场合,用户可以选择最合适的引擎以得到最高性能,可以处理每天访问量超过数亿的高强度的搜索 Web 站点。MySQL5 支持事务、视图、存储过程、触发器等。

2. 支持跨平台

MySQL 支持 20 种以上的开发平台,包括 Linux、Windows、FreeBSD、IBMAIX、AIX、FreeBSD 等。这使得在任何平台下编写的程序都可以进行移植,而不需要对程序做任何修改。

3. 运行速度快

高速是 MySQL 的显著特性。在 MySQL 中,使用了极快的 B 树磁盘表(MyISAM)和索引压缩;通过使用优化的单扫描多连接,能够极快地实现连接;SQL 函数使用高度优化的类库实现,运行速度极快。

4. 支持面向对象

PHP 支持混合编程方式。编程方式可分为纯粹面向对象、纯粹面向过程、面句对象与面向过程混合 3 种方式。

5. 安全性高

灵活和安全的权限与密码系统,允许基本主机的验证。连接到服务器时,所有的密码传输均采用加密形式,从而保证了密码的安全。

6. 成本低

MySQL 数据库是一种完全免费的产品,用户可以直接通过网络下载。

7. 支持各种开发语言

MySQL 为各种流行的程序设计语言提供支持,为它们提供了很多的 API 函数,包括 PHP、ASP.NET、Java、Eiffel、Python、Ruby、Tcl、C、C++、Perl 语言等。

8. 数据库存储容量大

MySQL 数据库的最大有效表尺寸通常是由操作系统对文件大小的限制决定的,而不是由 MySQL 内部限制决定的。InnoDB 存储引擎将 InnoDB 表保存在一个表空间内,该表空间可由数个文件创建,表空间的最大容量为 64TB,可以轻松处理拥有上千万条记录的大型数据库。

9. 支持强大的内置函数

PHP 中提供了大量内置函数,几乎涵盖了 Web 应用开发中的所有功能。它内置了数据库连接、文件上传等功能,MySQL 支持大量的扩展库,如 MySQLi 等,可以为快速开发 Web 应用提供便利。

9.1.3 数据库的应用

数据库是计算机应用系统中的一种专门管理数据资源的系统。数据有多种形式,如文字、数码、符号、图形、图像及声音等,数据是所有计算机系统所要处理的对象。我们所熟知的一种处理办法是制作文件,即将处理过程编成程序文件,将所涉及的数据按程序要求组成数据文件,再用程序来调用,数据文件与程序文件保持着一定的关系。

在计算机应用迅速发展的情况下,这种文件式管理方法便显出它的不足。例如,它使数据通用性差、不便于移植、在不同文件中存储大量重复信息、浪费存储空间、更新不便等。

而数据库系统便能解决上述问题。数据库系统不从具体的应用程序出发,而是立足于数据本身的管理,它将所有数据保存在数据库中,进行科学的组织,并借助于数据库管理系统,以它为中介,与各种应用程序或应用系统接口,使之能方便地使用数据库中的数据。

其实简单地说,数据库就是一组经过计算机整理后的数据,存储在一个或多个文件中,而管理这个数据库的软件就称为数据库管理系统。一般一个数据库系统(Database System)可以分为数据库(Database)与数据管理系统(Database Management System,DBMS)两个部分。主流的数据库软件有 Oracle、Informix、Sybase、SQL Server、PostgreSQL、MySQL、Access、FoxPro 和 Teradata 等。

数据库在 Web 开发中的起着重要作用,归根结底,动态网站都是对数据进行操作,我们平时浏览网页时,会发现网页的内容会经常变化,而页面的主体结构框架没变,新闻就是一个典型。这是因为我们将新闻存储在了数据库中,用户在浏览时,程序就会根据用户所请求的新闻编号,将对应的新闻从数据库中读取出来,然后再以特定的格式响应给用户。

Web 系统的开发基本是离不开数据库的,因为任何东西都要存放在数据库中。动态网站就是基于数据库开发的系统,最重要的就是数据管理,或者说我们在开发时都是在围绕数据库写程序。所以作为一个 Web 程序员,只有先掌握一门数据库,才可能去进行软件开发。

图 9.1 展示了项目中一个模块的开发流程:将网站的内容存储在 MySQL 数据库中,然后使用 PHP 通过 SQL 查询获取这些内容并以 HTML 格式输出到浏览器中显示;或者将用户在表单中输出的数据,通过在 PHP 程序中执行 SQL 查询,将数据保存在 MySQL 数据库中;也可以在 PHP 脚本中接收用户在网页上的其他相关操作,再通过 SQL 查询对数据库中存储的网站内容进行管理。

图 9.1　基于数据库的 Web 系统

PHP 几乎可以使用现有的所有数据库,MySQL 与其他的大型数据库,例如 Oracle、DB2、SQL Server 等相比,自有它的不足之处,比如规模小、功能有限(MySQL Cluster 的功能和效率都相对比较差)等,但这也丝毫没有减少它受欢迎的程度。对于一般的个人使用者或者中小型企业来说,MySQL 提供的功能绰绰有余,而且由于 MySQL 是开放源码软件,因此可以大幅降低总体。

目前 Internet 上流行的网站构架方式分别是 LAMP(Linux＋Apache＋MySQL＋PHP/Perl/Python)和 LNMP(Linux＋Nginx＋MySQL＋PHP/Perl/Python),也就是使用 Linux 作为操作系统,Apache 和 Nginx 作为 Web 服务器,MySQL 作为数据库,PHP 作为服务器端脚本解释器。由于这四个软件都是免费或开放源码软件,因此,使用这种方式不用花一分钱(除开人工成本外)就可以建立起一个稳定、免费的网站系统。

9.2　phpMyAdmin 操作 MySQL 数据库

9.2.1　phpMyAdmin 简介

phpMyAdmin 是众多 MySQL 图形化管理工具中使用最为广泛的一种,是一款使用 PHP

开发的基于 B/S 模式的 MySQL 客户端软件,该工具是基于 Web 跨平台的管理程序,为 Web 开发人员提供了类似 Access、SQL Server 的图形化数据库操作界面,通过该管理工具可以对 MySQL 进行各种操作,如创建数据库、数据表和生成 MySQL 数据库脚本文件等。

如果使用集成化安装包来配置 PHP 的开发环境,就无须单独下载 phpMyAdmin 图形化管理工具,因为集成化的安装包中基本都包含了图形化管理工具。如果使用的不是集成化安装包,那么就需要自己安装 phpMyAdmin 图形化管理工具了,大家可以去官网下载最新的版本,具体安装过程读者自行查阅相关资料。

9.2.2 phpMyAdmin 操作数据库

1. 登录 MySQL 数据库

在浏览器的地址栏中输入 localhost/phpMyAdmin/,按 Enter 键,就可以进入 phpMyAdmin 主界面了,如图 9.2 所示。

图 9.2　phpMyAdmin 登录界面

在 phpMyAdmin 的登录主界面中,可以看见有"语言-languange"的下拉框,选择"中文-Chinesesimplified"选项,输入 root 账户以及登录密码,单击执行,就可以进入 MySQL 服务器管理主界面中,如图 9.3 所示。

在主界面上,在"服务器连接排序规则"下选择 utf8_general_ci 简体中文编码格式,防止出现乱码的情况,如图 9.4 所示。

2. 创建、删除数据库

在 phpMyAdmin 主界面中,单击"新建"及"数据库"选项,进入数据库管理界面,在新建数据库下面的文本框输入要创建的数据库名称,选择字符校对编码单击创建按钮之后在左侧栏就可以看见创建的数据库,如图 9.5 所示。

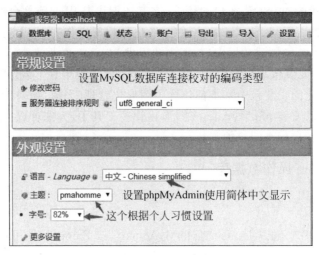

图 9.3　设置数据库

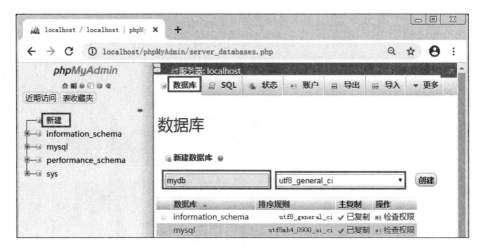

图 9.4　新建数据库

图 9.5　创建数据库成功

在数据库管理界面单击"操作"按钮进入修改操作数据库的页面,可以对数据执行重命名、删除等操作,如图 9.6 所示。

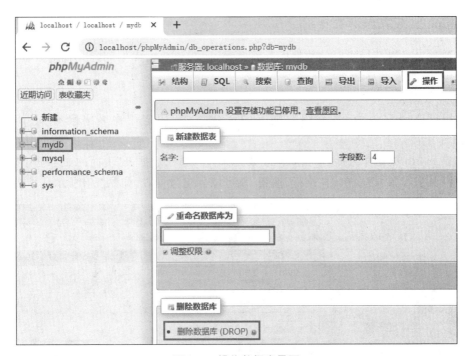

图 9.6 操作数据库界面

也可以在数据库管理界面删除数据库,单击"服务器"→"数据库",勾选要删除的数据库,单击"删除"按钮,如图 9.7 所示。

图 9.7 删除数据库

注意:数据库在日常开发中是非常重的,里面有很多数据,如果要删除一定要谨慎,一旦删除就不可回复,建议再删除之前先备份数据库。

3. phpMyAdmin 操作数据表

操作数据表是以选择指定的数据库为前提,然后在该数据库中创建并管理数据表。下面介绍如何创建,修改以及删除数据表。

1) 创建数据表

下面以创建用户表为例,介绍数据表的创建方法,假定用户表字段有 id、username、userpwd3 个字段。

在创建 mydb 数据库之后,单击 mydb 数据库,在"新建数据表"下面的文本框中输入数据表的名称以及字段数,然后单击"执行"按钮,就可以创建数据表,如图 9.8 所示。

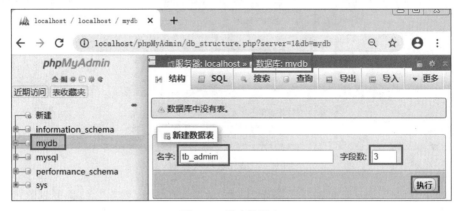

图 9.8　创建数据表

在成功创建数据表之后,将显示数据表结构的界面,在该界面的表单中输入各个字段的详细信息,包括字段名、数据类型、长度/值、编码格式、是否为空和主键等,以完成对表结构的详细设置,当所有的信息都填写完成后,单击"保存"按钮就可以设置数据表结构,如图 9.9 所示。

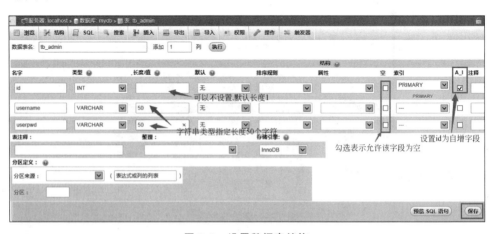

图 9.9　设置数据表结构

2) 修改数据表

一个新的数据表创建后,单击数据表"结构"选项卡,在这里可以执行添加列、删除列、索引列、修改列的数据类型或者字段的长度/值等修改数据表的操作,如图 9.10 所示。

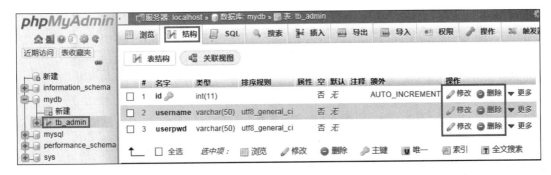

图 9.10 修改数据表界面

3）删除数据表

删除数据表与删除数据库类似，单击数据表，再选择"操作"选项卡，在该页面有对表的排序修改，可以将表移至其他数据库中，可以修改表选项，也可以进行表维护，在"删除数据或者数据表"下单击"删除数据表"就可以删除数据表，如图 9.11 所示。

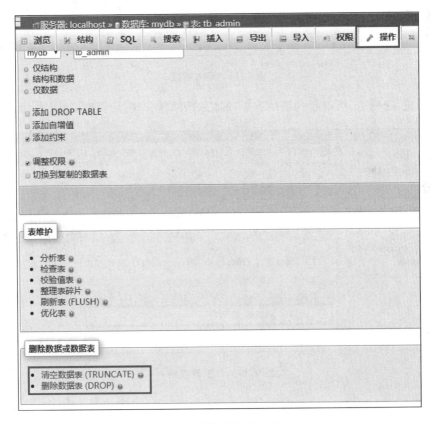

图 9.11 删除表操作方式一

也可以在数据库管理界面里删除表，先单击数据库，勾选要删除的表，单击"删除"按钮即可，如图 9.12 所示。

4）插入数据到数据表

使用 phpMyAdmin，可以通过图形界面管理数据表的数据，实现插入、修改等操作。

图 9.12 删除表操作方式二

选中要执行的表,选中"插入"选项卡,在值下面的文本框输入数据,单击"执行"按钮,如图 9.13 所示。

图 9.13 插入数据

单击"浏览"选项卡,可以看到表的数据,并能对表的数据进行管理,如图 9.14 所示。

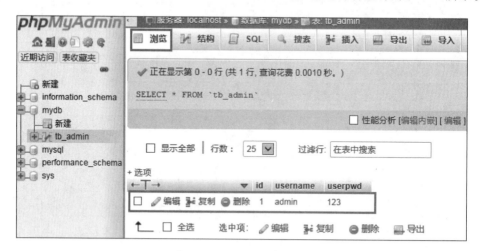

图 9.14 浏览表数据

4. 导入和导出数据表

导入和导出数据是互逆的两个操作,导入数据是通过扩展名为.sql 的文件导入数据库中,导出数据是将数据表结构、表数据储存为.sql 的文件,可以通过导入、导出实现数据库的备份和还原操作。

1) 导出数据表

选中要导出的数据表或者数据库,这里就以导出 mydb 数据库为例,选择数据库之后,在导航栏中单击"导出"选项卡,进入导出数据的页面,会有"快速"和"自定义"两个选择,如图9.15所示。

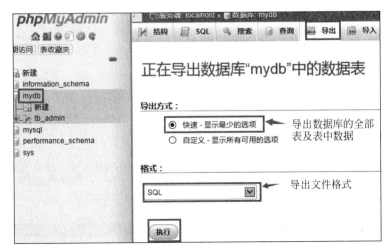

图 9.15 导出数据库中数据表

默认选择"快速",格式选择 SQL,最后单击"执行"按钮,就会在磁盘上生成一个与数据库同名的 sql 文件。

2)导入数据表

先选择数据库,然后在导航栏中单击"导入"按钮,进入导入页面,然后单击"选择文件"按钮,找到.sql 文件的位置,导入文件格式为 SQL,单击"执行"按钮,就可以将数据表导入数据库中,如图 9.16 所示。

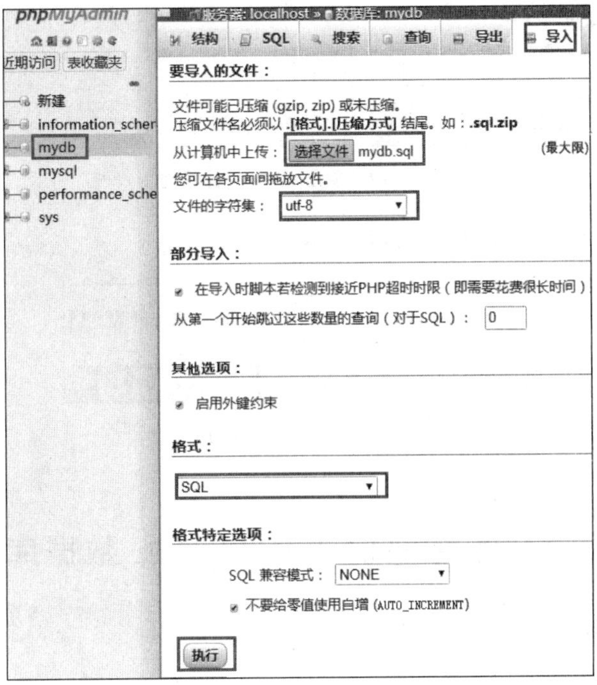

图 9.16 导入数据表数据

注意：使用 phpMyAdmin 导出的 sql 文件中不包含创建数据库的脚本代码,因此,在导入 sql 文件前,首先确保数据库中存在与导入数据库同名的数据库,如果没有同名的,则要在数据库中创建一个,然后再导入数据;另外,当前数据库中,不能与将要导入的数据库中的数据表重名的数据表存在,如果有重名的表存在,导入文件就会失败,并且提示错误信息。

9.2.3　phpMyAdmin 中使用 SQL 语句

和其他 GUI 管理工具一样,phpMyAdmin 也具有编写运行 SQL 语句的功能。单击 phpMyAdmin 主界面中的 SQL 按钮,打开 SQL 语句编辑区,输入完整的 SQL 语句,来实现对数据库对象的各种操作。

以插入数据为例,其他 SQL 操作过程不再赘述。

在 SQL 语句编辑区中使用 insert 语句项在数据表 tb_admin 中插入数据,单击"执行"按钮,向数据表中插入一条数据,如图 9.17 所示。

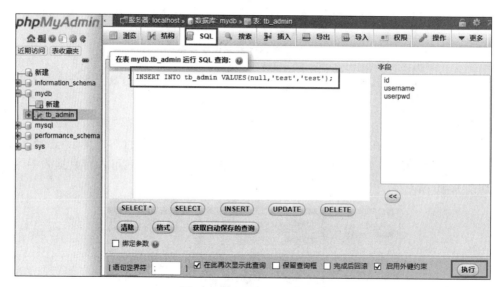

图 9.17　SQL 语句编辑界面

执行完后查看插入的数据,如图 9.18 所示。

图 9.18　插入成功

9.3　使用 PHP 操作 MySQL 数据库

9.3.1　PHP 连接 MySQL 数据库的方式

PHP 连接 MySQL 数据库服务器的 API,有 PHP 的 MySQL 扩展、PHP 的 MySQLi 扩展、PHP 数据对象(PDO)三种方式。表 9.1 比较了这三种主要的 MySQL 连接方式的功能。

表 9.1 连接方式对比

内　　容	PHP 的 MySQLi 扩展	PDO(使用 PDO MySQL 驱动和 MySQL Native 驱动)	PHP 的 MySQL 扩展
引入的 PHP 版本	5.0	5.0	3.0 之前
PHP 5.x 是否包含	是	是	是
MySQL 开发状态	活跃	在 PHP5.3 中活跃	仅维护
在 MySQL 新项目中的建议使用程度	建议-首选	建议	不建议
API 的字符集支持	是	是	否
服务端 prepare 语句的支持情况	是	是	否
客户端 prepare 语句的支持情况	否	是	否
存储过程支持情况	是	是	否
多语句执行支持情况	是	大多数	否
是否支持所有 MySQL 4.1 以上功能	是	大多数	否

从表 9.1 可以看出,PHP 5 及以上版本建议使用以下方式连接 MySQL。

• MySQLi:MySQLi 只针对 MySQL 数据库,MySQLi 还提供了 API 接口。

• PDO(PHP Data Objects):PDO 应用在 12 种不同数据库中。

两者的共同点如下。

(1) 两者都是面向对象。

(2) 两者都支持预处理语句。预处理语句可以防止 SQL 注入,对于 Web 项目的安全性是非常重要的。

可以通过 phpinfo()函数查看是否安装了 MySQLi 或 PDO 扩展库,如图 9.19 和图 9.20 所示,如果没有安装,则需要手动安装这些扩展库。

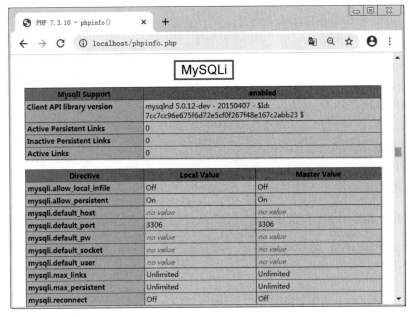

图 9.19 MySQLi 模块

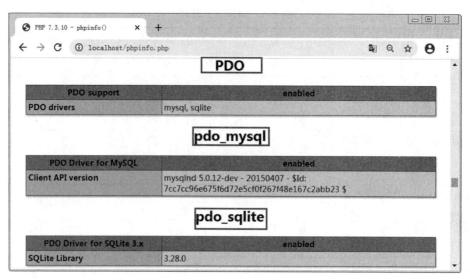

图 9.20　pdo 模块

9.3.2　使用 MySQLi 操作 MySQL 数据库

在 PHP 中可以通过 MySQLi 连接访问 MySQL 数据库,这里的 i 表示改进,增强的意思,MySQLi 只能用于连接 MySQL 数据库。MySQLi 扩展被封装到一个类中,它是一种面向对象的技术,不过在 MySQLi 扩展中也提供了面向过程的接口。在 MySQLi 扩展库中,提供了大量的操作 MySQL 数据库的函数,掌握这些函数,就可以方便地操作 MySQL 数据库了。

MySQLi 的特点如下。
- 效率提高,稳定性强。
- 对数据库进行操作。
- 支持面向对象开发。同时也支持面向过程开发。

使用 MySQLi 操作数据库的步骤如下。

(1) 连接数据库。

(2) 判断是否连接成功。

(3) 设置字符集。

(4) 选择数据库。

(5) 准备 SQL 语句。

(6) 执行 SQL 语句。

(7) 处理结果集。

(8) 关闭数据库连接。

1. mysqli_connect()连接数据库

描述:连接到 MySQL 数据库。

语法:

```
mysqli mysqli_connect ([$host[,$username[,$passwd[,$dbname[, $port]]]]])
```

参数如下。

- host：MySQL 服务器。可以包含端口号，默认 localhost：3306。
- username：登录 MySQL 数据库服务器的用户名。
- password：登录密码。
- dbname：要连接的数据库名称，也可以使用 mysqli_select_db()指定。
- port：MySQL 数据库服务器的端口号，默认为 3306。

返回值：如果连接成功，返回 MySQLi 连接对象，否则返回 false。

【例 9.1】 连接数据库服务器，账号为 root，密码为 1111111，这里暂时不选择数据库名参数。

```php
<?php
    $link = @mysqli_connect("localhost","root","11111111");
    var_dump($link);    //连接成功,返回 mysqli 对象,失败返回 false
?>
```

运行结果为

```
object(mysqli)#1 (19) {
   ["affected_rows"]=> int(0)
   [ " client _ info "] = > string ( 79 ) " mysqlnd 5. 0. 12 - dev - 20150407 - $Id:
7cc7cc96e675f6d72e5cf0f267f48e167c2abb23 $"
   ["client_version"]=> int(50012)
   ["connect_errno"]=> int(0)
   ["connect_error"]=> NULL
   ......
```

2. mysqli_connect_error()输出连接错误信息

描述：返回连接产生的错误信息。
语法：

```
string mysqli_connect_error ( void )
```

【例 9.2】 使用非法用户名 root1 登录。

```php
<?php
    $link = @mysqli_connect("localhost","root1","11111111");
    if (!$link) {
        die("连接错误".mysqli_connect_error());
    }
?>
```

运行结果为

连接错误 The server requested authentication method unknown to the client

3. mysqli_set_charset()设置字符集

描述：设置在数据库间传输字符时所用的默认字符编码。
语法：

```
bool mysqli_set_charset ( mysqli $ link, string $ charset )
```

参数如下。

- link：由 mysqli_connect()或 mysqli_init()返回的链接标识。
- charset：被设为默认的字符编码名。

返回值：成功时返回 true,失败则返回 false。

【例 9.3】　设置字符集示例。

```php
<?php
    $link = @mysqli_connect("localhost","root","11111111");
    if (!$link) {
            die("连接错误:".mysqli_connect_error());
    }
    mysqli_set_charset($link ,"utf8");              //设置在数据库字符编码为 utf8
?>
```

4. mysqli_select_db()选择当前操作数据库

描述：连接数据库服务器时,可以通过 mysqli_connect()第四个参数选择默认数据库,也可以在代码中使用 mysqli_select_db()更改连接的数据库。

语法：

```
bool mysqli_select_db ( mysqli $ link , string $ dbname )
```

参数如下。

- link：由 mysqli_connect()或 mysqli_init()返回的链接标识。
- dbname：数据库名称。

返回值：成功时返回 true,失败则返回 false。

【例 9.4】　连接数据库服务器时不指定数据库,在需要时使用 mysqli_select_db()选择要操作的数据库。

```php
<?php
    $link = @mysqli_connect("localhost","root","11111111");
    if (!$link) {
            die("连接错误:".mysqli_connect_error());
    }
    mysqli_set_charset($link ,"utf8");
    mysqli_select_db($link,"mydb");              //设置当前操作的数据库是 mydb
?>
```

5. mysqli_close()关闭先前打开的数据库连接

描述:关闭先前打开的数据库连接。
语法：

```
bool mysqli_close ( mysqli $ link )
```

参数如下。

- link:由 mysqli_connect()或 mysqli_init()返回的链接标识。

返回值：成功时返回 true,失败则返回 false。

【例 9.5】 关闭数据库连接示例。

```php
<?php
    $link = @mysqli_connect("localhost","root","11111111");
    if (!$link) {
            die("连接错误:".mysqli_connect_error());
    }
    mysqli_set_charset($link ,"utf8");
    mysqli_select_db($link,"mydb");              //设置当前操作的数据库是 mydb
    //-------------
    //执行相关操作的代码
    //------------
    mysqli_close($link);                         //关闭数据库连接
?>
```

6. mysqli_query()执行 sql 语句

描述：执行针对数据库的查询。

语法：

mixed mysqli_query(mysqli $ link,string $ query)

参数如下。

- link：由 mysqli_connect()或 mysqli_init()返回的链接标识。
- query：SQL 字符串

返回值：失败时返回 false，如果是执行 select，show，describe 或 explain 等查询，成功会返回一个 mysqli_result 对象，其他查询返回 true。

【例 9.6】 mysqli_query()函数示例。

```php
<?php
    $link = @mysqli_connect("localhost","root","11111111");
    if (!$link) {
            die("连接错误:".mysqli_connect_error());
    }
    mysqli_set_charset($link ,"utf8");
    mysqli_select_db($link,"mydb");
    $sql = "insert into tb_admin values(null,'admin2','abc')";
    $result = mysqli_query($link,$sql);          //执行 insert 操作
    var_dump($result);                           //返回 bool(true)
    $sql = "select *from tb_admin";
    $result = mysqli_query($link,$sql);          //执行 select 操作,
    var_dump($result);                           //返回 mysqli_result 对象
    mysqli_close($link);                         //关闭数据库连接
?>
```

运行结果为

```
bool(true)
object(mysqli_result)#2 (5) {
    ["current_field"]=>int(0)
    ["field_count"]=>int(3)
```

```
    ["lengths"]=>NULL
    ["num_rows"]=>int(3)
    ["type"]=>int(0)
}
```

7. mysqli_fetch_row()从结果集中获取一行数据

描述：以索引数组的方式获取一条记录的数据，重复执行可以获取下一条记录。
语法：

```
mixed mysqli_fetch_row ( mysqli_result $ result )
```

参数如下。

- result：由 mysqli_query()，mysqli_store_result() 或 mysqli_use_result()返回的结果集标识。

返回值：以索引数组形式返回一行数据，如果结果集中没有数据，则返回 NULL。

【例 9.7】 执行 select 语句查询 tb_admin 表，使用 mysqli_fetch_row()函数获取一行数据，假设 tb_admin 表中目前共 2 条数据。

```php
<?php
    $link = mysqli_connect("localhost","root","11111111");
    if (!$link) {
            die("连接错误:".mysqli_connect_error());
    }
    mysqli_set_charset($link,"utf8");
    mysqli_select_db($link,"mydb");              //设置当前操作的数据库是 mydb
    $sql = "select * from tb_admin";
    $result = mysqli_query($link,$sql);
    var_dump(mysqli_fetch_row($result));         //输出第一条数据
    var_dump(mysqli_fetch_row($result));         //输出第二条数据
    var_dump(mysqli_fetch_row($result));         //没有数据了,输出 NULL
    mysqli_close($link);                         //关闭数据库连接
?>
```

运行结果为

```
array(3) {
  [0]=> string(1) "1"
  [1]=> string(5) "admin"
  [2]=> string(3) "123"
}
array(3) {
  [0]=> string(1) "2"
  [1]=> string(8) "thinkphp"
  [2]=> string(4) "test"
}
NULL
```

8. mysqli_fetch_assoc()从结果集中获取一行数据

描述：以关联数组的方式获取一条记录的数据，字段名为关联数组的 key,字段的值是关联数组的 value,重复执行可以获取下一条记录。

语法:

```
array mysqli_fetch_assoc ( mysqli_result $ result )
```

参数如下。

· result:由 mysqli_query()、mysqli_store_result()或 mysqli_use_result()返回的结果集标识符。

返回值:以关联数组形式返回一行数据,如果结果集中没有数据,则返回 NULL。

【例 9.8】 执行 select 语句查询 tb_admin 表,使用 mysqli_fetch_assoc()函数获取一行数据,tb_admin 表中目前共 2 条数据。

```php
<?php
    $link = @mysqli_connect("localhost","root","11111111");
    if (!$link) {
            die("连接错误:".mysqli_connect_error());
    }
    mysqli_set_charset($link,"utf8");
    mysqli_select_db($link,"mydb");              //设置当前操作的数据库是 mydb
    $sql = "select * from tb_admin";
    $result = mysqli_query($link,$sql);
    var_dump(mysqli_fetch_assoc($result));       //输出第一条数据
    var_dump(mysqli_fetch_assoc($result));       //输出第二条数据
    var_dump(mysqli_fetch_assoc($result));       //没有数据了,输出 NULL
    mysqli_close($link);                         //关闭数据库连接
?>
```

运行结果为

```
array(3) {
    ["id"]=> string(1) "1"
    ["username"]=> string(5) "admin"
    ["userpwd"]=> string(3) "123"
}
array(3) {
    ["id"]=> string(1) "2"
    ["username"]=> string(8) "thinkphp"
    ["userpwd"]=> string(4) "test"
}
NULL
```

9. mysqli_fetch_array()从结果集中获取一行数据

描述:以索引和关联数组的方式获取一行数据。

语法:

```
mixed mysqli_fetch_array ( mysqli_result $ result [, int $ resulttype = MYSQLI_BOTH ] )
```

参数如下。

· result:由 mysqli_query()、mysqli_store_result()或 mysqli_use_result()返回的结果

集标识符。

- resulttype：此参数是可选参数，可能值是常量 MYSQLI_ASSOC、MYSQLI_NUM 或 MYSQLI_BOTH，默认 MYSQLI_BOTH。通过使用 MYSQLI_ASSOC 常量，此函数的行为与 MYSQLI_fetch_ASSOC() 相同，而 MYSQLI_NUM 的行为与 MYSQLI_fetch_row() 函数相同。最后一个选项 MYSQLI_BOTH 将创建一个具有两个属性的数组。

返回值：以索引和关联数组形式返回一行数据，如果结果集中没有数据，则返回 NULL。

【例 9.9】 执行 select 语句查询 tb_admin 表，使用 mysqli_fetch_array() 函数获取一行数据，tb_admin 表中目前共 2 条数据。

```php
<?php
    $link = mysqli_connect("localhost","root","11111111");
    if (!$link) {
            die("连接错误:".mysqli_connect_error());
    }
    mysqli_set_charset($link,"utf8");
    mysqli_select_db($link,"mydb");              //设置当前操作的数据库是 mydb
    $sql = "select * from tb_admin";
    $result = mysqli_query($link,$sql);
    var_dump(mysqli_fetch_array($result,MYSQLI_NUM)); //输出第一条数据
    var_dump(mysqli_fetch_array($result));       //输出第二条数据
    var_dump(mysqli_fetch_array($result));       //没有数据了,输出 NULL
    mysqli_close($link);                          //关闭数据库连接
?>
```

运行结果为

```
array(3) {
   [0]=> string(1) "1"
   [1]=> string(5) "admin"
   [2]=> string(3) "123"
}
array(6) {
   [0]=> string(1) "2"
   ["id"]=> string(1) "2"
   [1]=> string(8) "thinkphp"
   ["username"]=> string(8) "thinkphp"
   [2]=> string(4) "test"
   ["userpwd"]=> string(4) "test"
}
NULL
```

10. mysqli_num_rows() 获取结果集中的行数

描述：返回结果集中行的数目。

语法：

```
int mysqli_num_rows ( mysqli_result $ result )
```

参数如下。

- result: 由 mysqli_query()、mysqli_store_result()或 mysqli_use_result()返回的结果集标识符。

返回值: 结果集中的行数。

【例 9.10】　查询管理员表 tb_admin 中的记录数。

```php
<?php
    $link = mysqli_connect("localhost","root","11111111");
    if (!$link) {
            die("连接错误:".mysqli_connect_error());
    }
    mysqli_set_charset($link,"utf8");
    mysqli_select_db($link,"mydb");              //设置当前操作的数据库是 mydb
    //$sql = "select id,username,userpwd from tb_admin";
    $sql = "select * from tb_admin";
    $result = mysqli_query($link,$sql);
    var_dump(mysqli_num_rows($result));    //输出 int(2)
    mysqli_close($link);                          //关闭数据库连接
?>
```

11. mysqli_insert_id()获取插入的记录 id

描述: mysqli_insert_id()函数返回最后一个 SQL 语句(通常是 INSERT 语句)所操作的表中设置为 AUTO_INCREMENT 的列的值。如果最后一个 SQL 语句不是 INSERT 或者 UPDATE 语句,或者所操作的表中没有设置为 AUTO_INCREMENT 的列,返回值为 0。

语法:

```
mixed mysqli_insert_id ( mysqli $link )
```

参数如下。

- link: 由 mysqli_connect()或 mysqli_init()返回的链接标识。

返回值 : 最后一条 SQL(INSERT 或者 UPDATE)所操作的表中设置为 AUTO_INCREMENT 属性的列的值。如果指定的连接上尚未执行 SQL 语句,或者最后一条 SQL 语句所操作的表中没有设为 AUTO_INCREMENT 的列,返回 0。

【例 9.11】　mysqli_insert_id 示例,返回最后一次插入操作中的 ID。

```php
<?php
    $link = mysqli_connect("localhost","root","11111111");
    if (!$link) {
            die("连接错误:".mysqli_connect_error());
    }
    mysqli_set_charset("utf8");
    mysqli_select_db($link,"mydb");              //设置当前操作的数据库是 mydb
    $sql = "insert into tb_admin values(null,'超级管理员','111')";
    mysqli_query($link,$sql);
    //输出自动生成的 ID
    echo "新插入的记录 id 为: " . mysqli_insert_id($link); //输出:新插入的记录 id 为: 3
    mysqli_close($link);                          //关闭数据库连接
?>
```

数据表插入效果如图 9.21 所示。

		id	username	userpwd
□ / 编辑 弻 复制 ◎ 删除		1	admin	123
□ / 编辑 弻 复制 ◎ 删除		2	thinkphp	test
□ / 编辑 弻 复制 ◎ 删除		3	超级管理员	111

图 9.21 tb_admin 数据表插入新数据

运行结果为

新插入的记录 id 为: 3

9.4 预处理语句

9.4.1 预处理语句机制

MySQL 执行数据库操作时,每一步都比较复杂,大致的过程如图 9.22 所示。

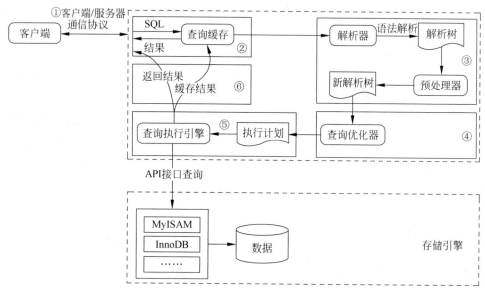

图 9.22 MySQL 执行过程

(1) 客户端发送一条查询给服务器。

(2) 服务器先检查查询缓存,如果命中了缓存,则立刻返回存储在缓存中的结果。否则进入下一阶段。

(3) 服务器端进行 SQL 解析、预处理,在优化器生成对应的执行计划。

(4) MySQL 根据优化器生成的执行计划,调用存储引擎的 API 来执行查询。

(5) 将结果返回给客户端。

在编写 PHP 代码执行 SQL 语句时,很多情况下要执行的 SQL 语句都是相似的语句,只是个别参数不同,针对这种重复执行相似语句的情况,MySQL 提供了一种名为预处理语句的机制,它可以将整个语句只向 MySQL 服务器发送一次,以后参数发生变化时 MySQL 服务器只需对 SQL 语句的结构做一次分析就够了,这既减少了需要传输的数据量,还提高了语句的处理效率。同时,预处理语句对于防止 MySQL 注入也是非常有用的。

预处理语句的工作原理如下。

(1) 预处理:创建 SQL 语句模板并发送到数据库。预留的值使用参数"?"标记 。例如:

```
INSERT INTO MyGuests (firstname, lastname, email) VALUES(?, ?, ?)
```

(2) 数据库解析,编译,对 SQL 语句模板执行查询优化,并存储结果不输出。

(3) 执行:最后,将应用绑定的值传递给参数("?"标记),数据库执行语句。应用可以多次执行语句,如果参数的值不一样。

相比于直接执行 SQL 语句,预处理语句主要有以下两个优点。

- 预处理语句大幅减少了分析时间,只做了一次查询(虽然语句多次执行)。
- 绑定参数减少了服务器带宽,你只需要发送查询的参数,而不是整个语句。

9.4.2 MySQLi 预处理语句

在 MySQLi 操作中常常涉及它的三个主要类:MySQLi 类,MySQL_STMT 类,MySQLi_RESULT 类。预处理主要是利用 MySQL_STMT 类中提供的函数完成的。

1. mysqli_prepare 准备一个用于执行的 SQL 语句

描述:做好执行 SQL 语句的准备,返回一个语句句柄,可以对这个句柄进行后续的操作。这里仅仅支持单一的 SQL 语句,不支持多 SQL 语句。在执行语句之前,需要使用 mysqli_stmt_bind_param()函数对占位符参数进行绑定。同样,在获取结果之前,必须使用 mysqli_stmt_bind_result()函数对返回的列值进行绑定。

语法:

```
mysqli_stmt mysqli_prepare ( mysqli $ link , string $ query )
```

参数如下。

- link:由 mysqli_connect()或 mysqli_init()返回的链接标识。
- query:SQL 语句,语句中可以包含一个或者多个问号(?)表示语句的参数,语句末尾不需要在增加分号(;)。

返回值:mysqli_prepare()返回一个 statement 对象,如果发生错误则返回 false。

2. mysqli_stmt_bind_param()将变量作为参数绑定到 prepare 语句上

描述:将变量绑定到准备好的 SQL 语句作为参数。
语法:

```
bool mysqli_stmt_bind_param ( mysqli_stmt $ stmt , string $ types , mixed &$ var1 [,
mixed &$ ...])
```

参数如下。

- stmt:statement 标识。
- types:一个包含一个或多个字符的字符串,这些字符指定相应绑定变量的类型为
i 对应的变量具有整数类型;d 对应变量的类型为 double;s 对应的变量具有字符串类型;b 对应的变量是 blob,将以数据包形式发送。

- var1：根据 type 绑定的变量

返回值：成功时返回 true,或者在失败时返回 false。

3. mysqli_stmt_execute()执行 SQL 语句

描述：使用实际参数替换占位符后,执行使用 mysqli_prepare()函数准备的 SQL 语句。执行后,任何存在的参数标记将自动替换为适当的数据。如果该 SQL 语句是 UPDATE,DELETE 或 INSERT,则可以使用 mysqli_stmt_affected_rows()函数确定受影响的行总数。同样,如果查询产生结果集,则使用 mysqli_stmt_fetch()函数访问结果集。

语法：

```
bool mysqli_stmt_execute ( mysqli_stmt $ stmt )
```

返回值：成功时返回 TRUE,或者在失败时返回 FALSE。

4. mysqli_stmt_bind_result()将查询的结果集绑定到变量

描述：将查询结果集中的数据的列绑定到变量。当调用 mysqli_stmt_fetch()来获取数据时,MySQL 客户端/服务器协议将绑定列的数据放入指定的变量 var1,...。

语法：

```
bool mysqli_stmt_bind_result ( mysqli_stmt $ stmt , mixed &$ var1 [, mixed &$ ... ] )
```

参数如下。

- stmt：mysqli_stmt_init()返回的 statement 标识。
- var1：要绑定的变量。

返回值：成功时返回 true,或者在失败时返回 false。

5. mysqli_stmt_fetch()从结果集中获取数据

描述：从准备好的语句中获取结果到 mysqli_stmt_bind_result()绑定的变量中。
语法：

```
bool mysqli_stmt_fetch ( mysqli_stmt $ stmt )
```

参数如下。

- stmt：mysqli_prepare() 产生的 mysqli_stmt 对象。

返回值：成功时返回 true,失败时返回 false,不再存在行/数据或发生数据截断时返回 NULL。

6. mysqli_stmt_close()释放对象

描述：释放 mysqli_prepare 产生的 mysqli_stmt 对象
语法：

```
bool mysqli_stmt_close(mysqli_stmt $ stmt)
```

参数如下。

- stmt：mysqli_prepare 产生的 mysqli_stmt 对象。

返回值：布尔值。

【例 9.12】 使用预处理机制插入数据并查询结果。

```php
<?php
    $host="localhost";                          //MySQL 服务器
    $dbusername="root";                         //登录用户名
    $dbpassword="11111111";                     //登录密码
    $dbname="mydb";                             //数据库名称
    $port="3306";                              //MySQL 数据库服务器的端口号,默认 3306
    $charset="utf8";                           //字符集
    $link = @mysqli_connect($host,$dbusername,$dbpassword,$dbname,$port);
    if (!$link) {
            die('Connect Error: ' . mysqli_connect_error());
    }
    mysqli_set_charset($link,$charset);
    $sql = "insert into tb_admin values(null,?,?)";        //预处理插入语句
    $stmt = mysqli_prepare($link,$sql);
    mysqli_stmt_bind_param($stmt,"ss",$username,$vuserpwd);    //绑定参数
    $username="超级管理员";                       //参数赋值
    $vuserpwd="123";                           //参数赋值
    if(mysqli_stmt_execute($stmt)){ //执行 sql 语句
        echo "添加成功<br/>";
    }
    $sql = "select id,username,userpwd from tb_admin";
    $stmt = mysqli_prepare($link,$sql);
    mysqli_stmt_execute($stmt);
    mysqli_stmt_bind_result($stmt,$id,$un,$up);
    while(mysqli_stmt_fetch($stmt)){
        $data[] = ['id'=>$id,'username'=>$un,'userpwd'=>$up];
    }
    mysqli_close($link);
    foreach ($data as $value) {
        foreach ($value as $v) {
            echo $v."|";
        }
        echo "<br/>";
    }
?>
```

运行结果为

```
添加成功
1|admin|123|
2|thinkphp|test|
3|超级管理员|111|
4|超级管理员|123|
```

实训 1：实现管理员登录功能

要求：实现管理员登录功能,输入正确的账号密码及验证码,从数据库查询管理员信息表,验证管理员身份是否合法,身份合法跳转到产品列表页,否则提示错误信息,重新登录。参

考代码如下。

(1) 登录页面 login. php

```php
<?php
    session_start();
?>
<!DOCTYPE html>
<html>
<head>
    <meta charset="utf-8">
    <title>产品管理系统</title>
    <style type="text/css">
        table {
            width: 40%;
            background: #ccc;
            margin: 10px auto;
            border-collapse: collapse;
        }
        th,td {
            height: 25px;
            line-height: 25px;
            /*text-align: center;*/
            border: 1px solid #ccc;
            font-size: 16px;
        }
        tr {
            background: #fff;
        }
    </style>
    <script src =" https://cdn. staticfile. org/jquery/1. 10. 2/jquery. min. js ">
</script>
</head>
<body>
    <table >
        <tr>
            <td>登录名：</td><td><input type="text" id="username" name=
"username"></td>
        </tr>
        <tr>
            <td>密码：</td><td><input type="password" id="userpass" name=
"userpass"></td>
        </tr>
        <tr>
            <td>验证码：</td>
            <td><input type="text" id="verifyimgcode" name="verifyimgcode" >
                <img src="verifyimgcode.php" onclick="this.src='verifyimgcode.
php?' + Math.random();"></td>
        </tr>
        <tr>
            <td> </td>
            <td><input type="button" value="登录" id="btLogin"><span id="msg">
</span></td>
```

```
            </tr>
        </table>
</body>
</html>
<script type="text/javascript">
$(document).ready(function(){
    $("#btLogin").click(function(){
        var username = $("#username").val();
        var userpass = $("#userpass").val();
        var verifyimgcode = $("#verifyimgcode").val();
        $.post(
            "checkuser.php",
            {
                username:username,
                userpass:userpass,
                verifyimgcode:verifyimgcode
            },
            function(data,status){
            if(status=="success" && data=="ok"){
                window.location.href="list.php";
            }else{
                switch(data){
                    case 'db_error':$("#msg").text("数据库连接失败");break;
                    case 'username_error':$("#msg").text("用户名错误");break;
                    case 'userpass_error':$("#msg").text("密码错误");break;
                    case 'code_error':$("#msg").text("验证码错误");break;
                }
            }
        }
    );
    });
});
</script>
```

（2）验证码图片生成页面 verifyimgcode.php

```php
<?php
    session_start();
    //设定标头指定 MIME 输出类型为图片
    header('Content-type: image/jpeg');
    //新建 100*40 的图像
    $codeH = 20;
    $codeW = 50;
    $im = imagecreatetruecolor($codeW, $codeH);
    //为 img 分配一个浅一点的颜色
    $bgColor = imagecolorallocate($im, 200, 200, 200);
    //使用颜色 color 填充 img 图像
    imagefill($im, 0, 0, $bgColor);
    //设置像素点的颜色为稍微深一些的颜色
    $pixColor = imagecolorallocate($im, 217, 83, 167);
    //循环绘制 300 个像素点
    for ($i=0; $i <50 ; $i++) {
```

```php
        $pixX = rand(0,$codeW);              //像素点在图像上的 x 坐标
        $pixY = rand(0,$codeH);              //像素点在图像上的 y 坐标
        imagesetpixel($im, $pixX, $pixY, $pixColor);
    }
    //设置直线的颜色
    $lineColor = imagecolorallocate($im, 100, 100, 100);
    //循环绘制 5 条直线,设定每条直线起点在图像的左半边,终点在图像的右半边
    for ($i=0; $i < 5; $i++) {
        $x1 = rand(0,$codeW/2);
        $y1 = rand(0,$codeH);
        $x2 = rand($codeW/2,$codeW);
        $y2 = rand(0,$codeH);
        imageline($im, $x1, $y1, $x2, $y2, $lineColor);
    }
    //设置验证码的颜色
    $strCodeColor = imagecolorallocate($im, 138, 38, 83);
    $elements = ['0','1','2','3','4','5','6','7','8','9'];
    //存放 4 位验证码
    $strCode = '';
    //从数组 elements 中随机组合 4 位数字
    for ($i=0; $i < 4; $i++) {
        $index = rand(0,count($elements)-1);
        $strCode = $strCode.$elements[$index];
    }
    //把验证码存储在 session 中
    $_SESSION['code']=$strCode;
    //把验证码绘制到图片的(5,2)坐标处
    imagestring($im, 5, 5, 2, $strCode, $strCodeColor);
    //清空缓存
    ob_clean();
    //生成图像
    imagejpeg($im);
    //释放内存
    imagedestroy($im);
?>
```

(3) 登录验证页面 checkuser.php

```php
<?php
    session_start();
    $username = $_POST["username"];
    $userpass = $_POST["userpass"];
    $verifyimgcode = $_POST["verifyimgcode"];
    $code = $_SESSION["code"];
    $host="localhost";        //MySQL 服务器。可以包含端口号,默认 localhost:3306
    $dbusername="root";       //登录 MySQL 数据库服务器的用户名
    $dbpassword="11111111";   //登录密码
    $dbname="mydb";           //数据库名称
    $port="3306";             //MySQL 数据库服务器的端口号,默认 3306
    $charset="utf8";          //字符集
    $link = mysqli_connect($host,$dbusername,$dbpassword,$dbname,$port);
    if (!$link) {
```

```
        die('Connect Error: ' . mysqli_connect_error());
    }
    mysqli_set_charset($link,$charset);
    $sql = "select id,username,userpwd from tb_admin where username=?";
    $stmt = mysqli_prepare($link,$sql);
    mysqli_stmt_bind_param($stmt,"s",$val1);
    $val1=$username;
    mysqli_stmt_execute($stmt);
    mysqli_stmt_bind_result($stmt,$id,$un,$up);
    if(mysqli_stmt_fetch($stmt)){
        if($userpass==$up){
            $username_error=false;
            $userpass_error=false;
        }else{
            $userpass_error=true;
        }
    }else{
        $username_error=true;
    }
    mysqli_close($link);
    if (!$username_error && !$userpass_error && $verifyimgcode==$code) {
        $_SESSION["user"]=$username;
        echo "ok";
        return;
    }else{
        if ($username_error) {
            echo "username_error";
            return;
        }
        if($userpass_error){
            echo "userpass_error";
            return;
        }
        if ($verifyimgcode!=$code) {
            echo "code_error";
            return;
        }
    }
}
?>
```

实训 2：实现产品添加功能

要求：实现产品列表页添加新产品功能，并实现产品详细信息富媒体编辑功能。

这里使用 kindeditor 编辑器，如图 9.23～9.25 所示，实现产品描述的富媒体编辑。

(1) 下载 kindeditor http://kindeditor.net/demo.php。

(2) 将 kindeditor 文件夹复制到网站根目录。

(3) 运行 PHP 下的 demo.php,检测 kindeditor 是否可用。

参考代码如下。

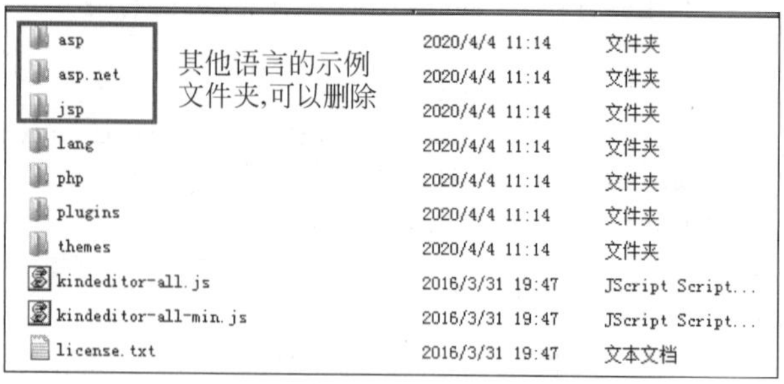

图 9.23　保留 php 语言

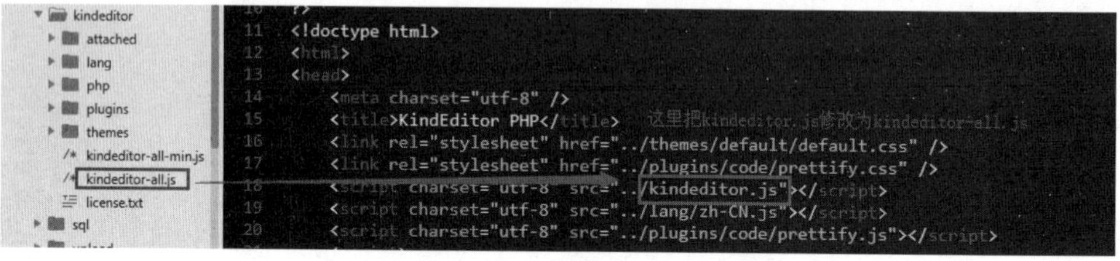

图 9.24　kindeditor.js 替换为 kindeditor-all.js

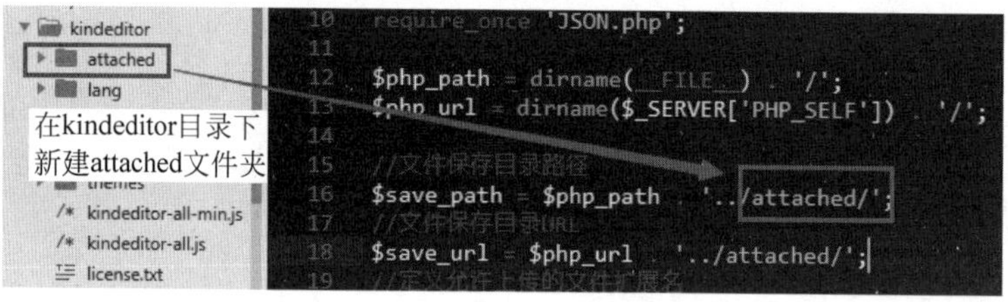

图 9.25　kindeditor 目录下创建 attached 目录

（1）产品添加页面 add.php

```php
<?php
session_start();
if(!isset($_SESSION["user"])){
    echo "<script>alert('请登录');location.href = 'login.php';</script>";
    return;
}
?>
<div style="border: 0px solid red;text-align: right;">
    <a href="list.php" style="text-decoration: none;color: #06f;">首页</a>
    欢迎<?php echo $_SESSION['user'];?>
<a href='logout.php' style="text-decoration: none;color: #06f;">退出</a>
</div>
<!DOCTYPE html>
<html>
<head>
    <meta charset="utf-8">
    <title>产品管理-添加产品</title>
    <link rel="stylesheet" href="kindeditor/themes/default/default.css" />
    <link rel="stylesheet" href="kindeditor/plugins/code/prettify.css" />
    <script charset="utf-8" src="kindeditor/kindeditor-all.js"></script>
```

```
<script charset="utf-8" src="kindeditor/lang/zh-CN.js"></script>
<script charset="utf-8" src="kindeditor/plugins/code/prettify.js"></script>
<script>
    KindEditor.ready(function(K) {
        var editor1 = K.create('textarea[name="productdes"]', {
            cssPath : 'kindeditor/plugins/code/prettify.css',
            uploadJson : 'kindeditor/php/upload_json.php',
            fileManagerJson : 'kindeditor/php/file_manager_json.php',
            allowFileManager : true,
            afterCreate : function() {
                var self = this;
                K.ctrl(document, 13, function() {
                    self.sync();
                    K('form[name=fadd]')[0].submit();
                });
                K.ctrl(self.edit.doc, 13, function() {
                    self.sync();
                    K('form[name=fadd]')[0].submit();
                });
            }
        });
        prettyPrint();
    });
</script>
<style type="text/css">
    *{font-size: 14px;}
    table {
            width: 810;
            background: #ccc;
            margin: 10px auto;
            border-collapse: collapse;
            border:1px solid red;
    }
    th,td {
            height: 25px;
            line-height: 25px;
            text-align: left;
            border: 1px solid #ccc;

            padding: 3px;
    }
    th {
            background: #eee;
            font-weight: normal;
    }
    tr {
            background: #fff;
    }
    td a {
            color: #06f;
            text-decoration: none;
    }
```

```html
        </style>
    </head>
    <body>
    <form name="fadd" method="post" action="save.php" enctype="multipart/form-data">
        <table >
            <tr>
                <td>产品名称</td><td><input type="text" name="productname"></td>
            </tr>
            <tr>
                <td>产品价格</td><td><input type="text" name="productprice"></td>
            </tr>
            <tr>
                <td>产品图片</td><td><input type="file" name="productfile"></td>
            </tr>
            <tr>
                <td>产品描述</td><td>

                    <textarea name="productdes" style="width:700px; height:200px;
visibility:hidden;"></textarea>
                </td>
            </tr>
            <tr>
                <td colspan="2" style="text-align: center;"><input type="submit"
value="添加" name="add"></td>
            </tr>
        </table>
    </form>
    </body>
    </html>
```

（2）保存产品信息页面 save.php

```php
<?php
    session_start();
    if(!isset($_SESSION["user"])){
        echo "<script>alert('请登录');location.href = 'login.php';</script>";
        return;
    }
    if (!isset($_POST['add'])) {
        echo "<script>alert('请添加产品信息');location.href = 'list.php';
</script>";
        exit();
    }
    $productname = $_POST['productname'];
    $productprice = $_POST['productprice'];
    $productdes = $_POST['productdes'];
    $myfile = $_FILES['productfile'];
    $fileExt = pathinfo($myfile["name"],PATHINFO_EXTENSION);
    $filename = date("Ymdhis").rand(1000,9999).".".$fileExt;
    move_uploaded_file($myfile["tmp_name"], "upload/$filename");
    $host="localhost";          //MySQL 服务器。可以包含端口号，默认 localhost:3306
```

```
$dbusername="root";        //登录 MySQL 数据库服务器的用户名
$dbpassword="11111111";    //登录密码
$dbname="mydb";            //数据库名称
$port="3306";              //MySQL 数据库服务器的端口号，默认 3306
$charset="utf8";           //字符集
$link = mysqli_connect($host, $dbusername, $dbpassword, $dbname, $port);
if (!$link) {
        die('Connect Error: ' . mysqli_connect_error());
}
mysqli_set_charset($link, $charset);
$sql = "insert into tb_product values(null,?,?,?,?)";
$stmt = mysqli_prepare($link, $sql);
mysqli_stmt_bind_param($stmt, "ssds", $val1, $val2, $val3, $val4);
$val1=$productname;
$val2="upload/{$filename}";
$val3=$productprice;
$val4=$productdes;
if(mysqli_stmt_execute($stmt)){
        echo "<script>alert('添加成功');location.href = 'list.php';</script>";
}
mysqli_close($link);
?>
```

实训 3：实现查看产品列表功能

要求：实现产品分页展示功能，显示产品的编号、名称、价格及缩略图，同时可以在该页面实现对产品的查看、添加、修改、删除等操作。参考代码如下。

```
//分页展示产品列表页面 list.php
<?php
    session_start();
    if(!isset($_SESSION["user"])){
            echo "<script>alert('请登录');location.href = 'login.php';</script>";
            return;
    }
    $host="localhost";         //MySQL 服务器。可以包含端口号，默认 localhost:3306
    $dbusername="root";        //登录 MySQL 数据库服务器的用户名
    $dbpassword="11111111";    //登录密码
    $dbname="mydb";            //数据库名称
    $port="3306";              //MySQL 数据库服务器的端口号，默认 3306
    $charset="utf8";           //字符集
    $link = mysqli_connect($host, $dbusername, $dbpassword, $dbname, $port);
    if (!$link) {
            die('Connect Error: ' . mysqli_connect_error());
    }
    mysqli_set_charset($link, $charset);
    $pagesize = 4;
    $sqlpage = "select id from tb_product";
    $stmtpage = mysqli_prepare($link, $sqlpage);
    mysqli_stmt_execute($stmtpage);
```

```php
mysqli_stmt_bind_result($stmtpage,$idtemp);
mysqli_stmt_store_result($stmtpage);
$rows = mysqli_stmt_num_rows($stmtpage);  //总行数,总记录数
$totalpage = ceil($rows/$pagesize)?:1;    //总页数
if (!isset($_GET['page']) || !is_numeric($_GET['page'])) {
        $page = 1;
}else{
        $page = $_GET['page'];
        if ($page<1||$page>$totalpage) {

                $page=1;
        }
}
$sql = "select id,productname,productpic,productprice from tb_product order by
id desc limit ?,?";
$stmt = mysqli_prepare($link,$sql);
mysqli_stmt_bind_param($stmt,"ii",$val1,$val2);
$val1=($page-1)*$pagesize;
$val2=$pagesize;
mysqli_stmt_execute($stmt);
mysqli_stmt_bind_result($stmt,$id,$pn,$ppic,$pprice);
while(mysqli_stmt_fetch($stmt)){
        $data[] = ['id'=>$id,'productname'=>$pn,'productpic'=>$ppic,'productprice'
=>$pprice];
    }
mysqli_close($link);
?>
<div style="border: 0px solid red;text-align: right;">
    <a href="list.php" style="text-decoration: none;color: #06f;">首页</a>
    欢迎<?php echo $_SESSION['user'];?>
<a href='logout.php' style="text-decoration: none;color: #06f;">退出</a>
</div>
<!DOCTYPE html>
<html>
<head>
    <meta charset="utf-8">
    <title>产品管理</title>
    <style type="text/css">
        *{font-size: 14px;}
        table {
                width: 40%;
                background: #ccc;
                margin: 10px auto;
                border-collapse: collapse;/*border-collapse:collapse 合并内外边
距,去除表格单元格默认的 2 个像素内外边距*/
            }
            th,td {
                height: 25px;
                line-height: 25px;
                text-align: center;
                border: 1px solid #ccc;
```

```
                padding: 3px;
            }
            th {
                background: #eee;
                font-weight: normal;
            }
            tr {
                background: #fff;
            }
            td a {
                color: #06f;
                text-decoration: none;
            }
        </style>
</head>
<body>
    <table >
        <tr><td colspan="5" style="text-align: left;border:0;">
            <a href="add.php" >添加新产品</a>
        </td>
        </tr>
        <tr>
            <th>序号</th><th>产品名称</th><th>产品图片</th><th>价格(元)</th><th>操作</th>
        </tr>
<?php
    $str = '';
    foreach ($data as $product) {
        $str .= "<tr>";
        foreach ($product as $key => $value) {
            //var_dump($key,$value);
            switch ($key) {
                case 'id':$id=$value;
                case 'productprice':
                    $str .="<td>{$value}</td>";
                    break;
                case 'productpic':
                    $str .="<td><img src='{$value}' width=50 height=50/></td>";
                    break;
                case 'productname':
                    $str .="<td><a href='detail.php?id={$id}'>{$value}</a></td>";
                    break;
            }
        }
        $str .= "<td><a href='delete.php?id={$id}'>删除</a> <a href='edit.php?id={$id}'>修改</a></td>";
        $str .="</tr>";
    }
    echo $str;
?>
        <tr>
            <td colspan="5">
```

```
                    <form method="get" action="list.php">
                    <?php echo "{$page}/{$totalpage}"; ?>  
                    <a href="list.php?page=1">首页</a> 
                    <a href="list.php?page=<?php echo $page>1?$page-1:1; ?>">上一页</a>
 
                    <a href="list.php?page=<?php echo $page<$totalpage?$page+1:
$totalpage; ?>">下一页</a> 
                    <a href="list.php?page=<?php echo $totalpage; ?>">尾页</a> 
                    跳转到<input style="width: 50px;" type="text" name="page">
                    <input type="submit" value="GO" name="">
                </form>
            </td>
        </tr>
    </table>
</body>
</html>
```

实训 4：实现查看产品详细信息功能

要求：实现产品列表页单击商品名称查看该产品详细信息，并能自由切换上一个和下一个产品信息。参考代码如下。

```php
//查看产品详情页 detail.php
<?php
    session_start();
    if(!isset($_SESSION["user"])){
        echo "<script>alert('请登录');location.href = 'login.php';</script>";
        return;
    }
    $host="localhost";                  //MySQL 服务器。可以包含端口号，默认 localhost:3306
    $dbusername="root";                 //登录 MySQL 数据库服务器的用户名
    $dbpassword="11111111";             //登录密码
    $dbname="mydb";                     //数据库名称
    $port="3306";                       //MySQL 数据库服务器的端口号，默认 3306
    $charset="utf8";                    //字符集
    $link = mysqli_connect($host,$dbusername,$dbpassword,$dbname,$port);
    if (!$link) {
        exit('Connect Error: ' . mysqli_connect_error());
    }
    mysqli_set_charset($link,$charset);

    //记录上一个和下一个产品
    $sql = "SELECT id,productname FROM tb_product WHERE id>".$_GET['id']." ORDER BY
id ASC LIMIT 1";
    $result = mysqli_query($link,$sql);
$next = mysqli_fetch_array($result);
    $sql = "SELECT id,productname FROM tb_product WHERE id<".$_GET['id']." ORDER BY
id ASC LIMIT 1";
    $result = mysqli_query($link,$sql);
$pre = mysqli_fetch_array($result);
```

```
    $sql = "select id, productname, productprice, productdes from tb_product where
id=?";
    //1 准备 sql
    $stmt = mysqli_prepare($link, $sql);
    //var_dump($stmt);
    //2 绑定参数
    mysqli_stmt_bind_param($stmt, "i", $val1);
    //3 对参数赋值
    $val1 = $_GET['id'];
    //4 执行
    mysqli_stmt_execute($stmt);
    //5 绑定结果集到变量
      mysqli _ stmt _ bind _ result ($stmt, $id1, $productname1, $productprice1,
$productdes1);
    if(mysqli_stmt_fetch($stmt)){
        $id = $id1;
        $productname = $productname1;
        $productprice = $productprice1;
        $productdes = $productdes1;
    }
    mysqli_close($link);
?>
<div style="border: 0px solid red;text-align: right;">
    <a href="list.php" style="text-decoration: none;color: #06f;">首页</a>
    欢迎<?php echo $_SESSION['user'];?>
<a href='logout.php' style="text-decoration: none;color: #06f;">退出</a>
</div>
<!DOCTYPE html>
<html>
<head>
    <meta charset="utf-8">
    <title>产品管理-查看产品</title>
    <style type="text/css">
        *{font-size: 14px;}
        table {
            width: 40%;
            background: #ccc;
            margin: 10px auto;
            border-collapse: collapse;

        }
        th,td {
            text-align: left;
            border: 1px solid #ccc;
            padding: 3px;
        }
        th {
            background: #eee;
            font-weight: normal;
        }
        tr {
```

```
                background: #fff;
            }
            td a {
                color: #06f;
                text-decoration: none;
            }
        </style>
    </head>
    <body>
        <table >
            <tr>
                <td style="text-align: center;"><?php echo $productname; ?></td>
            </tr>
            <tr>
                <td>
                    <?php echo $productdes; ?>
                </td>
            </tr>

        </table>
        <table>
            <tr>
                <td style="text-align: left;border: 0;">
            上一个：
                <a href='detail.php?id=<?php echo $pre['id'] ?>'><?php echo $pre
['productname']?:'无' ?></a><br/>
            下一个：
                <a href='detail.php?id=<?php echo $next['id'] ?>'><?php echo $next
['productname']?:'无' ?></a>
                </td>
            </tr>
        </table>
    </body>
</html>
```

参 考 文 献

[1] 唐四薪.PHP 动态网站开发[M].北京:清华大学出版社,2020.

[2] 李晓斌.PHP+MySQL+Dreamweaver 动态网站建设全程揭秘[M].北京:清华大学出版社,2020.

[3] 卢欣欣,李靖.PHP 动态网站开发实践教程[M].北京:机械工业出版社,2020.

[4] 孙迎新,杨小宇.PHP 网站开发——CodeIgniter 敏捷开发框架[M].北京:人民邮电出版社,2020.

[5] 王爱华,刘锡冬.PHP 网站开发项目式教程[M].北京:人民邮电出版社,2019.

[6] 干练,毛红霞.PHP 编程基础与实践教程[M].北京:北京大学出版社,2019.

[7] 郝强,张婵,张倩,等.PHP 程序设计案例教程[M].北京:高等教育出版社,2019.

[8] 朱珍.PHP 开发实战项目式教程[M].北京:电子工业出版社,2019.